掌握3大重點｜12要素｜企劃·提案書｜一次就上手！

從零開始的1頁企劃書

日本簡報顧問、企劃書專家　監修
藤木俊明

ゼロから始める「1枚企画書」の書き方

陳美瑛 譯

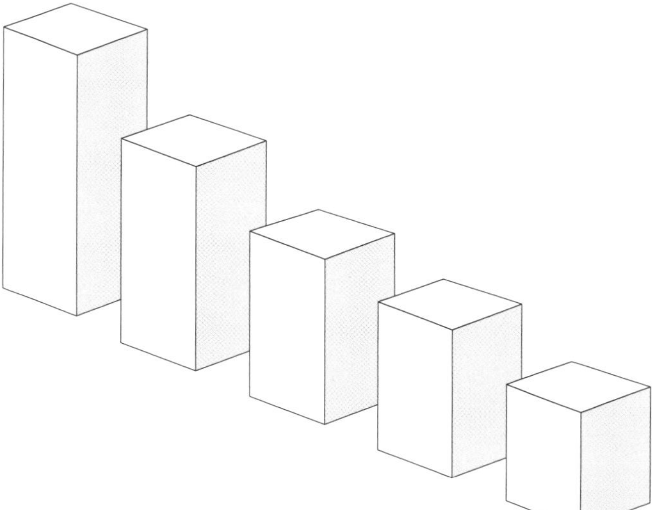

寫企劃書是上班族必備且不可或缺的技能之一。現今這個時代，不僅是業務員，連總務、會計部門等職員，也都會爲了改善公司內部工作而必須提出企劃書。不過，許多上班族都會抱怨「不知道怎麼寫企劃書」、「就算寫了企劃書，主管也不會採用我提的企劃案」等。

針對寫企劃書時經常感到頭痛的上班族，本書將「教大家從零開始寫一份完整的企劃書」。製作企劃書時，從思考最重要的「企劃材料」開始，到應該放入企劃書的要素等，都將詳細且具體說明。如果按照本書的編排順序閱讀，相信很快就能夠輕鬆寫出一份完整的企劃書。

不過，寫企劃書並不是目標，如果企劃書未獲採用便毫無意義。因此，本書也會說明「過關」企劃書與「沒過關」企劃書的不同點，請詳細閱讀內容。其實，「過關」企劃書的共通點有「三項重點」。換言之，如果具備此「三項重點」，企劃書就會迅速獲得採用。我在職場上透過無數次實際的試誤法，研發出寫企劃書的技巧，因此任何領域的行業或職業的上班族都能夠使用。

我最早寫出「一頁企劃書」是在大約二十年前的事。當時我擔任業務員，在負責的區域中，不斷拜訪公司行號推廣業務，多者一天甚至拜訪一百多家公司。拜訪公司時，我都會留下名片與公司宣傳單。但是，對方完全沒有反應。我便思考著：「有沒有辦法製造談話的契機呢？」於是我把公司的宣傳單放一邊，開始製作一頁企劃書，彙整自己的簡介與公司推薦的商品，再把一頁企劃書與自己的名片留在拜訪的公司裡。結果對方的反應一改從前，詢問度也增加了。

後來，我離開公司自行創業，參加各種商業交流會並交換名片。由於公司剛成立還沒沒無聞，因此，我製作了一份介紹自己與新公司的一頁企劃書，連同名片一併交給新認識的朋友。透過這樣的做法，與對方的談話不斷深入，許多生意因此上門。這讓我深深感受到一頁企劃書在交流現場中所發揮的驚人威力。

請閱讀本書的讀者務必學會製作「過關」的一頁企劃書，在職場上大展身手。

藤木俊明

目次

第1章 思考「企劃案」

第2章 一般企劃書的寫法

第3章 如何寫「過關」的企劃書

第4章 「過關」企劃書不可或缺的九大重點

第5章 透過實際案例學習！不同案例的企劃書有不同寫法

第 1 章

思考「企劃案」

寫企劃書時，首先必須思考企劃內容。不過，該怎麼做才能想出企劃內容呢？本章將詳細說明如何產生企劃內容。

在第 1 章能夠解答的疑問

企劃書到底是否必要？

企劃書是職場上不可或缺的文件。（P14）

我不知道要怎麼寫企劃書……

請先想出「企劃內容」吧。（P16）

要怎麼做才能夠想出企劃內容？

最重要的就是蒐集資訊。（P18）

蒐集來的資訊要如何處理？

請利用數位化管理吧。（P20）

要如何把資訊轉變為企劃內容？

利用奧斯本的確認清單發展你的想法。（P22）

如何向對方清楚說明企劃內容？

把企劃內容編成簡短的故事吧。（P24）

有什麼方法可以把企劃內容變得更好？

透過腦力激盪讓想法天馬行空地發展。（P26）

要如何簡單寫一份企劃書呢？

請確立符合自己風格的企劃製作流程吧。（P28）

Lesson 01

何謂企劃書①

職場上必備的撰寫「企劃書」能力

在職場上，進行各項業務時不能沒有企劃書。

「企劃書」是爲了方便說明「提案內容」所歸納整理的文件。總之，企劃書就是把自己腦中規劃的商業計畫傳達給對方，並獲得對方同意實現此計畫所製作的文件。

企劃書曾經是廣告商等部分業界人士所製作的文件，不過，現在無論從事哪種工作，都必須具備製作企劃書的技能。

例如，業務員必須向客戶提案，這時就必須提出企劃書，「如果採用敝公司的商品或活動計畫，貴公司就會得到這些利益。」

另外，在現今的時代，就算覺得自己與企劃書毫無關係的總務、會計等工作，應該也曾經被主管或部門要求以簡潔的企劃書提出如何減少成本、改善公司內部作業，而不是用口頭報告。

因此可以說，職場上的各種場合都需要企劃書。換言之，**能夠提出企劃·提案的員工，才是公司所需要的人材**。

這個是重點！

- ✓ 企劃書是傳達自己的業務計畫，並獲得對方同意實施的文件。
- ✓ 撰寫企劃書是上班族不可或缺的技能。

現代商業社會不可或缺的「企劃書」

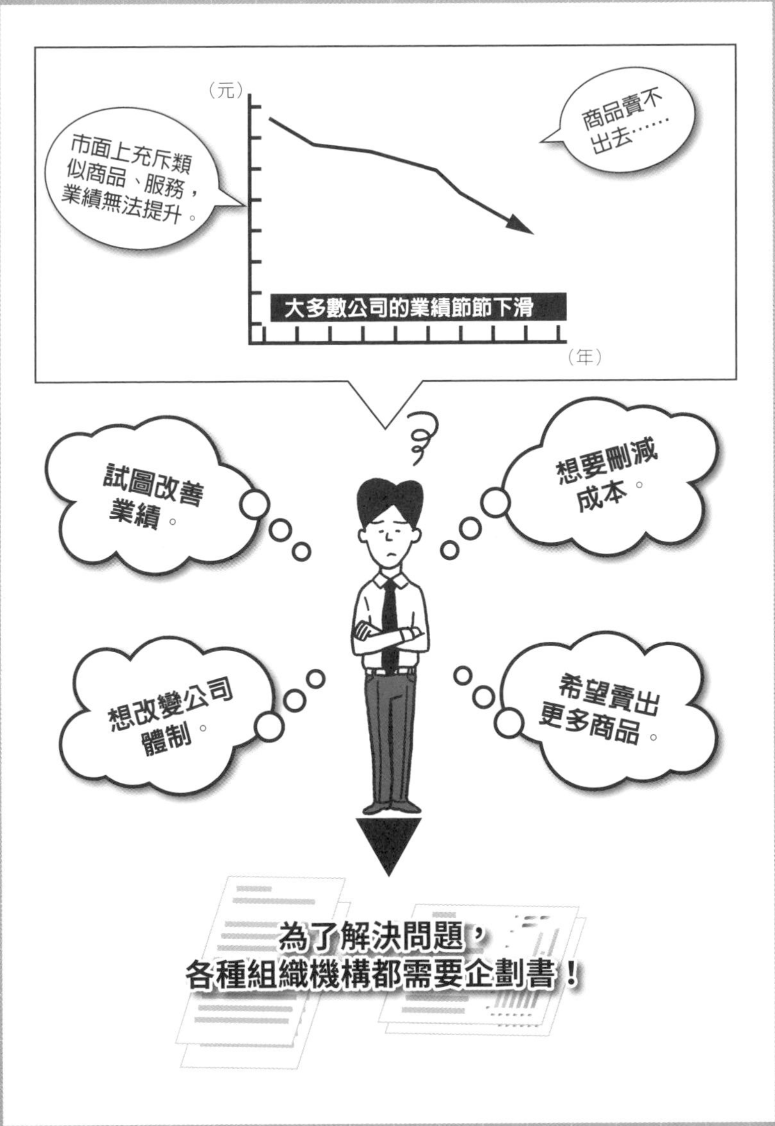

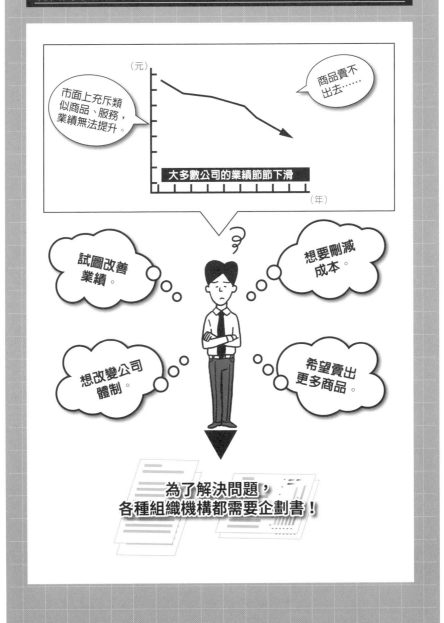

Lesson 02

何謂企劃書②

企劃書最重要的是「企劃內容」

在現今商場上，寫企劃書已經成爲上班族必備的技能。

雖說如此，還是有許多人苦惱著「不擅長寫企劃書」、「不知道要怎麼寫企劃書」、「無法完整對客戶說明提案內容」。

因此，就如本書介紹的，希望讀者先明白**企劃書有著「固定格式」**。也就是說，該寫些什麼其實都是固定的。

蒐集材料、整理、配置在特定位置，光是這麼做就完成企劃書了。

聽我這麼描述，各位是不是覺得寫企劃書很簡單呢？

只是，材料，也就是「企劃內容」本身必須由你自己思考。相信也有許多人爲此深感苦惱吧。

企劃書中最重要的部分就是「內容」。企劃案是否獲得客戶同意採用，取決於企劃內容的好壞。

思考企劃內容不需要什麼才能。**透過平日的習慣與努力，就能夠把自己改變爲擅長想出企劃內容的體質**。

但是，該如何思考企劃內容呢？我將在下一個單元詳細說明。

這個是重點！

- ✓ 製作企劃書時，只要使用「固定格式」就好了。
- ✓ 寫企劃書時，必須靠自己思考最重要的「企劃內容」。

企劃書主要的固定格式

［橫向書寫］

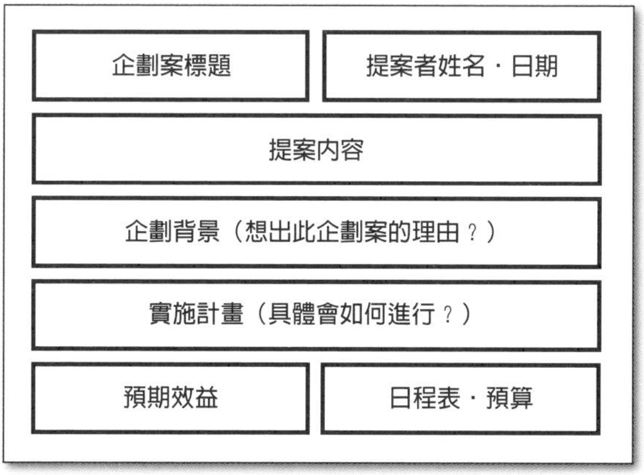
企劃案標題
提案者姓名・日期
提案內容
企劃背景（想出此企劃案的理由？）
實施計畫（具體會如何進行？）
預期效益
日程表・預算

［直向書寫］

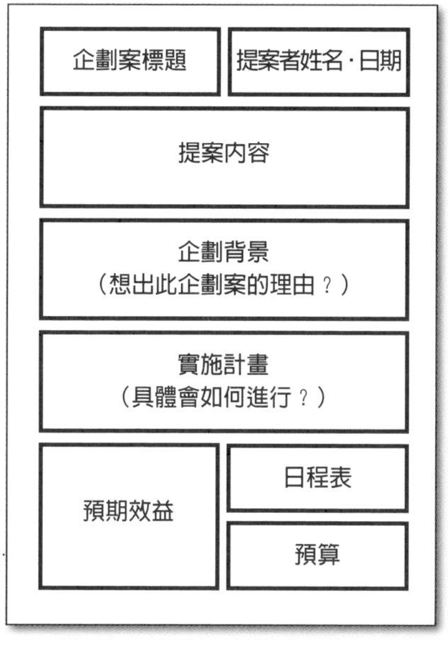
企劃案標題
提案者姓名・日期
提案內容
企劃背景
（想出此企劃案的理由？）
實施計畫
（具體會如何進行？）
預期效益
日程表
預算

要如何想出企劃案

要如何想出「企劃案」呢？對於「想不出企劃案」、「想不出企劃點子」而感到頭痛的人，我想說的是，企劃案並不是某天突然靈光乍現而產生的。就算是專業的企劃人員，也不可能從零的狀況一下子就想出完整的企劃案。

最重要的是，把平常看到、聽到或體驗到的資訊輸入自己腦中。

聽別人說話、參加講座、從報紙、書籍、電視、網路等管道獲得各式各樣的資訊等等，平常蒐集各種訊息的作業正是產生企劃案的基礎。

如此蒐集而來的資訊可能也不會馬上就對企劃有幫助。只是，在最初的階段必須學會取捨蒐集來的資訊。

請記住，**輸入的資料「量重於質」**。因為再怎麼微不足道的訊息，透過與其他要素組合就會產生新觀點，而其中可能隱藏著有趣的企劃創意。

只要是自己稍微有點興趣的資訊，就先存入自己的腦中吧。希望各位要先培養這個習慣。

這個是重點！

✓ 培養平常就蒐集資訊的習慣。

✓ 蒐集的資訊「量重於質」。

如何輸入資訊呢？

1. 聽別人說。

2. 參加講座或座談會。

3. 從報紙、書籍或電視等管道獲得資訊。

4. 透過網路調查獲得資訊。

Lesson 04

累積企劃內容

利用數位資料管理蒐集來的資訊

就算把平常接觸到的創意或資訊輸入腦中，也很難永遠留在記憶中。

因此，如果腦中突然浮現任何想法，就要習慣將想法記錄下來。在此建議使用的工具就是智慧型手機。

因爲**如果把資料數位化管理，日後就能夠輕鬆檢索或複製**。

具體來說就是利用智慧型手機的電子郵件功能，把自己感興趣的資訊記錄下來，並傳送到電腦的電子信箱中。這時如果有一個儲存專用的電子信箱，日後要閱覽時也很方便管理使用。

利用Word等軟體把這些蒐集到的資訊轉換成文件並儲存。建立檔案分類管理，日後搜尋資料就很方便。

另外，把感興趣的資訊上傳到臉書或推特等社群網站，也是一種有效的做法。看到這些資訊的朋友，或許也會主動提供其他資訊呢。

只是，爲了預防日後找不到資訊的存放位置，最重要的就是把所有資訊集中在一處管理。

這個是重點！

- ✓ 把輸入的資訊數位化管理。
- ✓ 建立一個儲存專用的電子郵件帳號，比較方便管理資料。

管理輸入的資訊

1. 利用智慧型手機把資訊記錄下來，並傳送到自己電腦上的電子信箱。

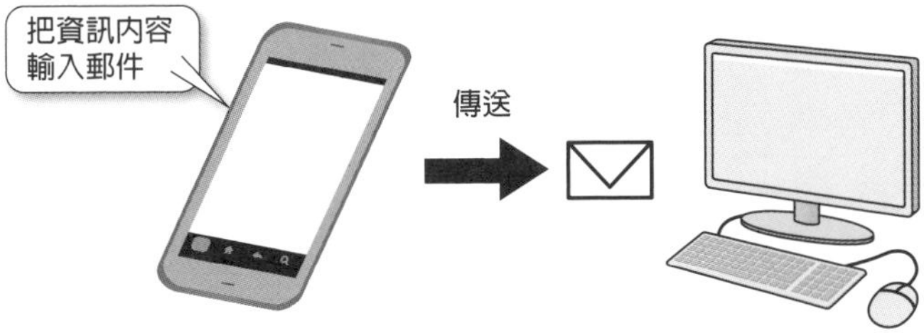
把資訊内容
輸入郵件
傳送

2. 把記錄的資料化為文件内容，利用數位資訊統一管理。

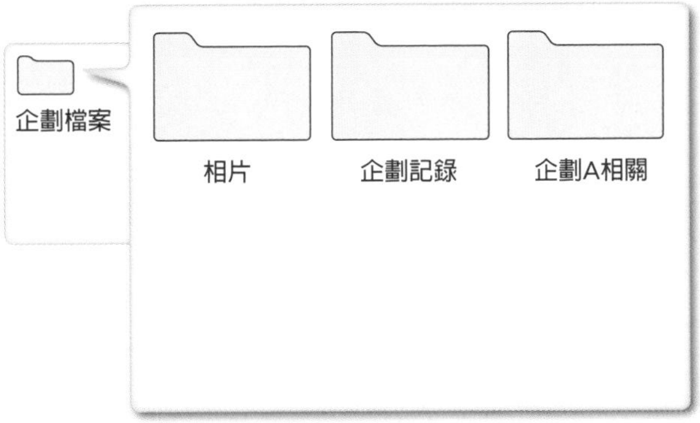
企劃檔案
相片
企劃記録
企劃A相關

把郵件内容的文字原封不動地複製到Word文件，並建立檔案進行管理。

讓想法昇華為企劃內容的確認清單

儲存各種資訊或想法之後，必須把這些資料昇華爲「企劃內容」。

「奧斯本的確認清單」有助於發展企劃內容。

這是提出腦力激盪法（Brainstorming）的美國大型廣告公司ＢＢＤＯ創辦人艾力克斯．奧斯本（Alex F. Osborn），爲了培養企劃能力所想出來的工具。**透過回答事前準備好的確認清單，讓腦中的創意無限延伸。**

舉例來說，隨著店面改裝，順便思考是否能夠發展針對自行車通勤的女性之商機。依據奧斯本的確認清單，試著把這個想法發展爲完整的企劃內容吧。例如，「高級品牌的自行車專櫃如何呢？（③如果改變型態）」、「索性集合所有與自行車相關的商品，成立一個購物商城，這樣應該會吸引人潮吧？（④如果擴大格局）」。

然後把產生出來的九個想法加以排列組合，最後就會形成一個暫定的企劃案，例如，「針對以自行車通勤的女性消費者，設立一個銷售高級自行車以及自行車服飾的綜合性專櫃」。

這個是重點！

- ✓ 蒐集的想法必須昇華為企劃內容。
- ✓ 改變想法的前提或條件，以擴展企劃內容。

利用「奧斯本的確認清單」產生企劃內容的方法

針對什麼事情所想的企劃內容，先把主題寫出來。

從事先庫存的企劃內容中找出符合主題的方案。

對於①～⑨項各自想出不同做法。

主題	店面改裝時重新設立專櫃
企劃內容	針對自行車通勤的女性消費者之商機
項目	提案
①如果改變使用方法	針對愛好摩托車的女性消費者專櫃
②如果模仿	針對愛好慢跑的女性消費者之服飾專櫃
③如果改變型態	名牌自行車專櫃
④如果擴大格局	販賣自行車相關的各種商品之購物商城
⑤如果縮小	針對騎自行車女性的咖啡館
⑥如果以其他商品取代	針對以自行車通勤的女性消費者商機
⑦如果置換	自行車通勤相關產品專櫃、針對主婦的自行車專櫃
⑧如果反向思考	讓電車通勤更舒適的商品專櫃
⑨如果與其他事物結合	服飾專櫃與名牌自行車專櫃

▼

綜合以上9個項目思考，「如果這麼做會是一個有趣的企劃案」，擬定一個草案。

草案	針對以自行車通勤的女性，設立名牌自行車暨自行車服飾之綜合性專櫃。

Lesson 06

用故事說明企劃案

具體呈現提案內容，抓住對方的內心

近年來，以說故事的方式說明企劃內容的做法成為簡報的主流趨勢。

不是平靜地說明事實，也不是陳述商品、服務的優點，而是說一個故事。透過這樣的做法，讓對方具體想像提案內容，抓住對方的心。

雖然是說故事，但也無須寫出幾千字的長篇小說。只要像推特那樣，在一百四十個字之內說出自己腦中逐漸成形的「企劃內容」就可以了。

重點是**站在對方的立場說故事**，而不是以自己的立場說故事。

也就是說，主角是對方公司的人或是顧客，而不是自己。

再者，故事內容必須讓對方能夠想像消費者或顧客使用提案的商品或服務時，心生喜悅的樣貌。

就像是遊戲一般，「出發並完成整段旅程之後，主角獲得什麼樣的成長？」透過使用前、使用後的比較，說故事的效果更好。

要建構一個光是聆聽，腦中就會浮現企劃內容的「簡短故事」。

這個是重點！

- ✓ 用說故事的方式說明企劃案，藉此吸引對方的注意力。
- ✓ 故事的主角要設定對方公司的人或是顧客。

以一則簡短故事說明企劃案

企劃案

- 最近以自行車通勤的女性似乎越來越多。
- 如果有一個女性自行車通勤商品專櫃就很方便。

打算提案的內容

設立一個針對女性的自行車通勤商品專櫃。

想出此企劃的理由？

繼慢跑風潮後，接下來會流行的應該是自行車。針對自行車通勤的服飾應該是未來的需求商品。

會獲得什麼利益呢？

除了服飾之外，也販賣自行車周邊商品或是進口自行車等大範圍的商品。如此會擴大銷售範圍，也會增加銷售業績。

濃縮成簡短的故事

開始以自行車通勤的女性越來越多，這些女性追求具設計感的自行車，以及與之搭配的服裝。因此我建議以這些女性為目標客群，設立自行車服飾專櫃，另外也進口自行車以及周邊商品等，以提升銷售業績。

Lesson 07 讓企劃內容越來越豐富

利用腦力激盪發展企劃內容

前面說明了企劃的發想方法。不過，自己光是在腦中想，怎麼樣都很難察覺不足的部分。因此，建議可以利用腦力激盪的方式發展企劃內容。

腦力激盪的目的是透過少數人的會議激發各種不同的想法，透過玩味、深化創意，發展出更好的方案。

我也會參加各種不同的腦力激盪會議，不過經常發現沒有人願意表達自己的意見，或是不分青紅皂白就否決別人的想法等，這完全不是腦力激盪會議應有的做法。若想讓腦力激盪變得有意義，應該要恪遵四項原則，那就是「**嚴禁批評**」、「**接受任何想法**」、「**量重於質**」、「**應用他人的想法**」。

但在如此忙碌的現代社會中，也很難與同事找到一個共同時間進行腦力激盪吧。

像這種情況，是否可以嘗試利用社群網站等平台進行腦力激盪呢？例如，利用臉書、推特或是Ｌｉｎｅ等尋求同事們的想法。不過一樣要事先告知，請同事們發言時務必遵守四項原則。

這個是重點！

- ✓ 進行腦力激盪時，要嚴格遵守四項原則。
- ✓ 透過社群網站也能有效進行腦力激盪。

腦力激盪的四原則

①禁止批評別人的意見，每個人都能自由表達自己的想法；
②就算是聽起來怪異而無法實現的想法也要接受，不能排除；
③不要執著於品質，創意越多越好；
④在別人的創意之上再加入自己的想法，拓展意見的寬廣度。

▼

透過自由交換意見，讓企劃內容越來越豐富。

Lesson 08 確定製作企劃書的流程

習慣蒐集創意想法

如果平常就能夠蒐集想法與資訊，並將這些發展成企劃內容，其實就已經跟完成企劃書沒兩樣了。

根據前面提到的，相信各位都已經明白**寫企劃書時，最重要的就是思考企劃內容**。

就算坐在電腦前打算立刻寫出一份企劃書，也應該不可能做得好。另外，用臨時想出來的點子寫企劃書，可能也不會是一份高品質且完善的企劃書。

平常就要提醒自己積極蒐集資訊、累積想法，需要提出企劃案時，就把平常累積的想法拿出來細細琢磨。像上述這樣，制定一套自己寫企劃書的流程。

我最近經常運用臉書或推特等社群網站作爲製作企劃的流程之一。特別是推特的「時間軸」畫面會出現各種資訊。看到感興趣的文句就可以使用「喜歡」功能收藏起來，往後隨時都可以檢閱，眞的很方便。

另外還能夠管理自己上傳的想法或資訊，這樣寫企劃案時就可以充分利用。

這個是重點！

- ✓ 製作企劃書時，最重要的是思考企劃內容。
- ✓ 制定一套自己寫企劃案的流程，培養蒐集想法的習慣。

製作企劃書的流程

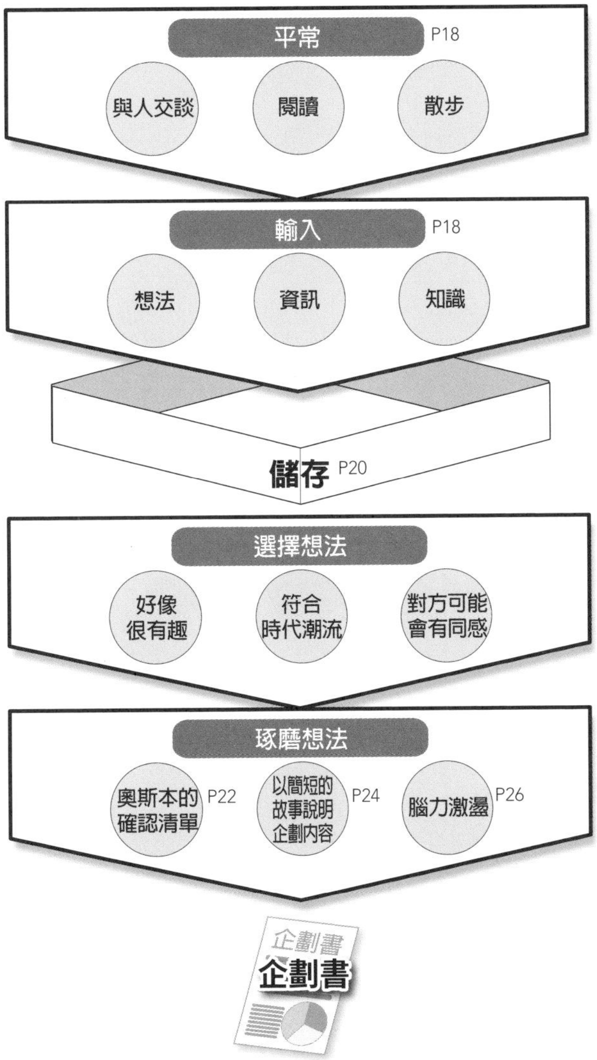
平常
P18
與人交談
閱讀
散步
輸入
P18
想法
資訊
知識
儲存
P20
選擇想法
好像很有趣
符合時代潮流
對方可能會有同感
琢磨想法
奧斯本的確認清單
P22
以簡短的故事說明企劃內容
P24
腦力激盪
P26
企劃書
企劃書

第 2 章

一般企劃書的寫法

思考企劃內容之後，終於要動筆寫企劃書了。該怎麼做才能完成一份形式完美的企劃書呢？本章將先說明一般企劃書的寫法。

在第 2 章能夠解答的疑問

企劃書有哪些種類？

不同業界有各種不同的企劃書。（P32）

企劃書需要寫些什麼內容？

一般來說必須具備 12 項要素。（P34）

「封面」要怎麼寫？

標題之外加上動人的文案，以提高訴求力。（P36）

「前言」的部分要寫什麼？

簡潔歸納企劃內容。（P38）

「背景」的部分需要什麼內容？

請放入可證明企劃內容的資料。（P40）

什麼是「目的」？

與對方共享應達成的目標。（P42）

「概念」的部分該怎麼寫？

請以一句話歸納提案內容吧。（P44）

「具體的對策」指的是什麼？

指具體實施企劃案的計畫。（P46）

「要件」的部分需要什麼？

呈現實施企劃所需的制度。（P48）

「預期效益」要怎麼寫才能讓對方同意企劃案？

請填入具體的數字。（P50）

「日程表」要寫得多詳細？

寫出大致的實施流程就好。（P52）

「預算」的部分要怎麼寫？

讓對方大致知道哪部分要花多少錢。（P54）

「問題」的部分需要寫出來嗎？

如果提案時預測可能會發生的問題，該誠實讓對方知道。（P56）

「結語」的部分要寫些什麼？

要寫感謝的心情以及自己的聯絡資訊。（P58）

Lesson 01

企劃書的「格式」與特色

企劃書有哪些「格式」？

雖說是企劃書，但不同行業，習慣使用的企劃書格式也各有不同。其中最常使用的大概有以下四種「格式」。

使用頻率最高的就是Ａ４**橫式**的企劃書。這也是製作企劃書時最常使用的ＰｏｗｅｒＰｏｉｎｔ軟體之基本設定。這是使用投影機做簡報時使用的標準規格，也是對外界使用的資料格式中，最好用的格式。

如果企劃書內容是以文字為主，多半會使用Ａ４**直式**的格式。這種格式多見於電視業或出版業。

Ａ３**橫式**企劃書是豐田汽車等製造廠商使用的格式，所有內容都集中在一張Ａ３紙上。Ａ３的特色是內容比Ａ４看得更大更清楚。

其他也有**Ａ５四頁**的企劃書。這是用一張Ａ４紙正反面加起來，共印出四頁Ａ５大小的內容，對折後就成為一份小冊子。外商企業多使用這種格式。介紹自家公司時使用的資料，也很適合。

這個是重點！

✓ 「A4橫式」、「A4直式」」、「A3橫式」、「A5四頁」 等，是商業界經常使用的四種企劃書格式。

✓ 依照不同目的，使用的企劃書格式也不同。

經常使用的四種企劃書格式

■A4橫式

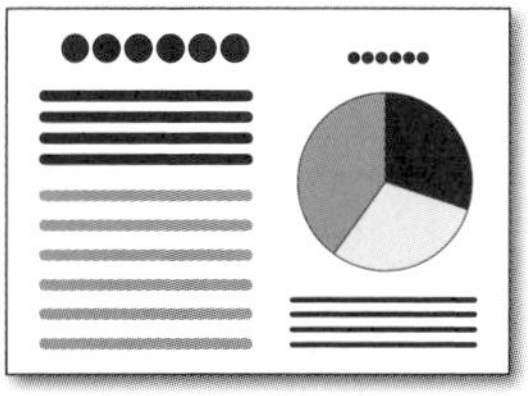

這是最傳統的格式，利用投影機提案時最適合使用這種格式。

■A4直式

以文字為主的企劃書多用這種格式。

■A3橫式

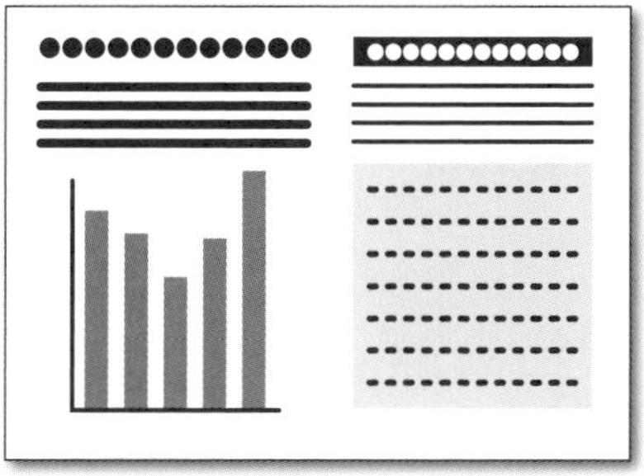

比起 A4 橫式，這種格式的文字或圖表都顯得比較大，方便閱讀。

■A5四頁

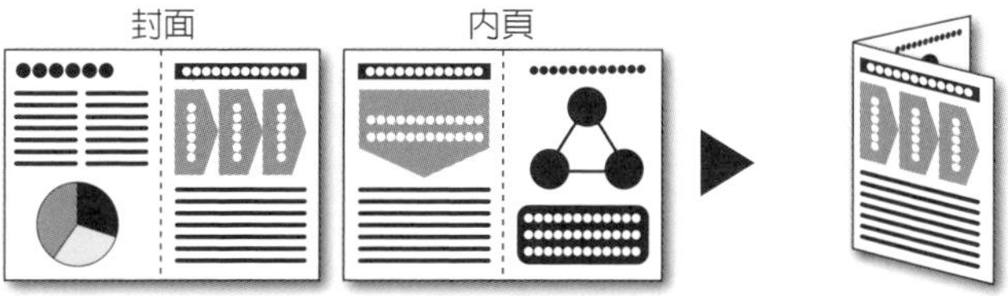

一張 A4 紙分為封面、內頁，共印成四頁 A5 的企劃書格式，對折後就形成一份小冊子。介紹公司時最適合使用這種格式。

Lesson 02

一般企劃書的結構

企劃書的十二項基本要素

如前一單元所提的，企劃書有各種格式，不過某種程度也能夠整理出應該放入企劃書的要素。

構成一般企劃書的基本要素有以下十二項：①封面（企劃案的標題）、②前言（企劃案的全貌）、③背景（提出此企劃案的客觀理由）、④目的（確認提案對象的意圖）、⑤概念（企劃內容）、⑥具體對策（實施此企劃案的計畫）、⑦要件（更詳細的實施計畫）、⑧預期效益（對方所能獲得的利益）、⑨日程表（實施企劃案的時間表）、⑩預算（實施企劃案所需的費用）、⑪問題（實施企劃案時可能發生的問題）、⑫結語（謝辭與聯絡資訊）等。

如果對方希望透過投影機說明企劃內容，或是提案時需要提供龐大資料時，最好每一項目各以一頁投影片呈現，彙整成一份企劃書。

製作企劃書時，可以從①封面開始依序寫起。不過在作業上，建議要從⑤概念開始寫起，因為**建立企劃案的基礎概念之後再決定整體架構，這樣後面的內容就比較不容易產生偏移。**

這個是重點！

✓ 一個項目歸納為一頁，這樣就完成了一般的企劃書。

✓ 先從概念開始思考，比較容易保持整個企劃內容的一貫性。

一般企劃書的構成要素

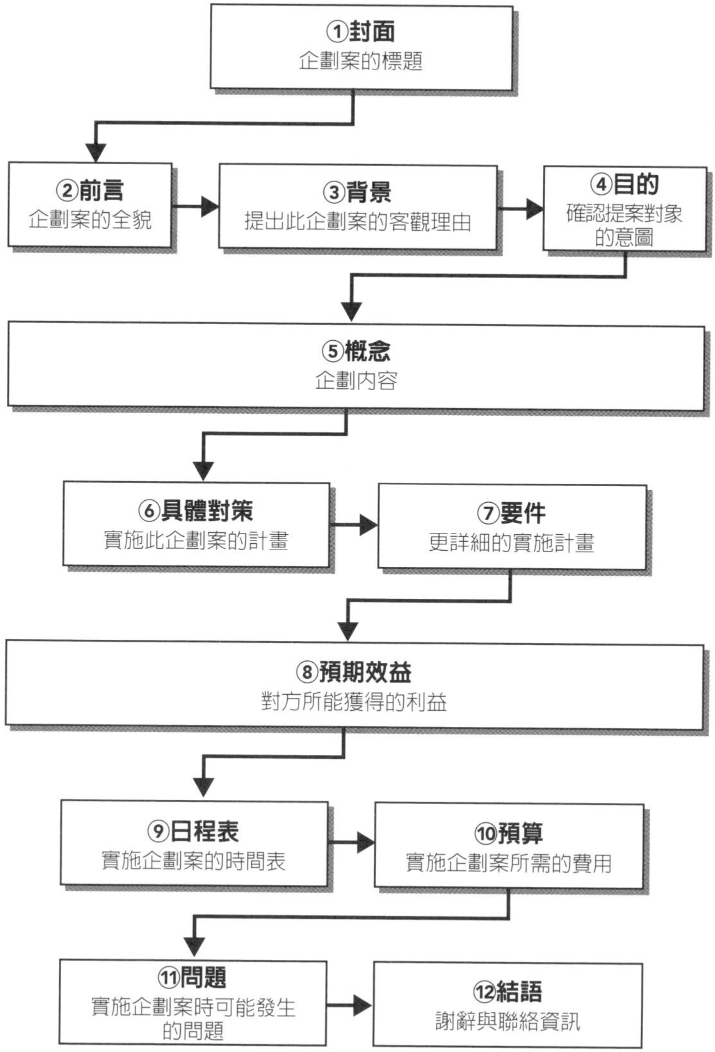
①封面
企劃案的標題
②前言
企劃案的全貌
③背景
提出此企劃案的客觀理由
④目的
確認提案對象的意圖
⑤概念
企劃內容
⑥具體對策
實施此企劃案的計畫
⑦要件
更詳細的實施計畫
⑧預期效益
對方所能獲得的利益
⑨日程表
實施企劃案的時間表
⑩預算
實施企劃案所需的費用
⑪問題
實施企劃案時可能發生的問題
⑫結語
謝辭與聯絡資訊

Lesson 03

如何製作「封面」

利用標題提高企劃書的訴求力

從這個單元起，將一一說明一般企劃書裡十二項基本要素的內容。首先是「封面」。

封面上要寫上客戶的名稱、標題、提案日期以及自己的姓名。其中特別要下功夫的就屬標題了。

封面是客戶最先看到的頁面，如果標題能夠吸引對方注意，企劃書的訴求力就會瞬間提高。大部分人寫的標題都極爲普通。例如「支援業務系統的企劃案」，這樣的標題無法引發對方的興趣。

因此，建議在標題之外，還要加上一個有效的文案。

例如，「來客率增加二十%、廣告成本減少十%」。具體說出這項企劃案會帶來什麼利益，讓對方產生興趣的文案最好。最重要的就是下功夫讓對方光是看到封面，就產生「想看企劃內容」的念頭。

在商場上，「先從結論說起」是不變的鐵則。**光看標題前後就能夠某種程度想像企劃內容，這種標題才是好標題**。

這個是重點！

- ✓ 擬一個能夠想像提案內容的標題。
- ✓ 加上動人文案，讓對方產生「想知道更多」的欲望。

「封面」的寫法

[一般企劃書的結構]

封面	前言	背景	目的	概念	具體對策	要件	預期效益	日程表	預算	問題	結語

客戶的名稱

寫上提案對象的名稱。注意不能有錯字、漏字。另外，如果對方是公司行號，就要寫「啓」，若是個人，則要寫「先生／女士」之敬稱。

文案

針對提案內容寫一個文案。對方看到文案就知道會得到什麼利益，繼而對企劃案產生興趣。

●●株式會社啓

一直以來的100萬日圓成本減為50萬！

變更公司內部基本設備之提案

平成○○年○月○日
△△株式會社 業務部
○田○男

標題

光讀標題就瞭解提案內容。

示意圖

加入插圖或相片，讓人看一眼就知道企劃內容，藉此提高企劃案的訴求力。

提案日・自己的姓名

寫上提案日期、自己的公司名稱、所屬部門以及自己的姓名。相較於左上方對方的名稱，此處的字體要小一點。

Lesson 04

「前言」怎麼寫？

讓對方透過前言掌握企劃書的整體樣貌

「前言」在企劃書中可以說是個「引子」。此外，也是爲了吸引讀此企劃書的人的注意，所以要**利用前言呈現企劃案的全貌**。人的注意力會隨著時間經過而變得散漫、不容易集中。因此，趁對方對此企劃案感興趣之際，要趕緊說出企劃案的目的、透過這項企劃案要解決什麼問題、會得到什麼利益等等。

除了提案內容之外，**也可以寫出自己對於此企劃案的想法**。例如，「S市站前商店街已經逐漸沒落。雖然這是我個人的想法，不過S市是我出生成長的地方，我一定會盡全力促進故鄉的經濟再度繁榮。」光是個人的實際經驗就是一則吸引對方的感人故事，也會吸引對方對企劃內容產生興趣。

只是，如果這從來就不是自己親身經歷的故事，由於缺乏眞實性，馬上就會被對方看穿。就算是稍微誇大也無所謂，但就是嚴禁捏造故事。

另外，前言也可以當成企劃書的目次使用，以條列方式歸納提案內容的效果很好。透過這種做法，對方就能夠明白企劃書的大致情況。

這個是重點！

✓ 利用前言描述企劃案的全貌。

✓ 敘述實際體驗打動對方內心。

「前言」的寫法

[一般企劃書的結構]

封面	**前言**	背景	目的	概念	具體對策	要件	預期效益	日程表	預算	問題	結語

■描述企劃案的全貌

前言

目前S市站前商店街逐漸沒落，因此，我在提案中以吸引銀髮族、嬰兒潮世代消費者的沖繩風為概念，改裝站前大樓。

S市是我出生成長的地方，為了活化S市，我一定會盡全力促進故鄉經濟再度繁榮。

企劃案的全貌

讓對方瞭解企劃案的整體樣貌。

個人的想法

根據個人的實際經驗述說自己內心的想法，以打動對方。

■作為目次使用

前言

- S市站前商店街逐漸沒落。
- 以建立一個吸引銀髮族、嬰兒潮世代消費者的城鎮為主要概念。
- 概念的主要核心是把站前大樓改裝為沖繩風。

作為目次使用

企劃書會如何展開？把前言部分當作目次使用，能夠讓對方有效掌握提案的整體樣貌。

Lesson 05

「背景」怎麼寫？

利用資料為企劃內容佐證，讓對方理解

「背景」就是讓對方知道你「爲什麼會想出這個企劃案」。再怎麼有趣的企劃內容，如果只是剛好想到的，對方也不會認同，因此必須武裝你的理論。譬如找出業界的趨勢或消費者動向等，向對方說明「因爲這樣的理由，所以現在必須採用這個企劃案」。

因此，思考背景時，必須蒐集證明企劃內容的資料。這個**資料越正確**、**可信度越高**，**說服力就越強**。像是政府機關等公家單位所公布的統計資料、新聞記事，或是民間大型企業所發表的調查資料等，都是可信賴的資料，平常就可以蒐集起來。公家圖書館的統計專區都有公家單位發行的白皮書，可以多多參考運用。

使用這些資料時，一定要註明出處。只要標明什麼機構在何時發表的資料即可。

現今這個時代，從維基百科到個人網站或部落格等，充斥著眞眞假假的資訊，製作企劃書時，千萬要避免使用這類不可靠的資訊。

這個是重點！

- ✓ 若想獲得對方認同，必須提供正確的資料。
- ✓ 要引用能夠信賴的機構所公布的資料。

「背景」的寫法

[一般企劃書的結構]

封面	前言	**背景**	目的	概念	具體對策	要件	預期效益	日程表	預算	問題	結語

■利用定量資料佐證

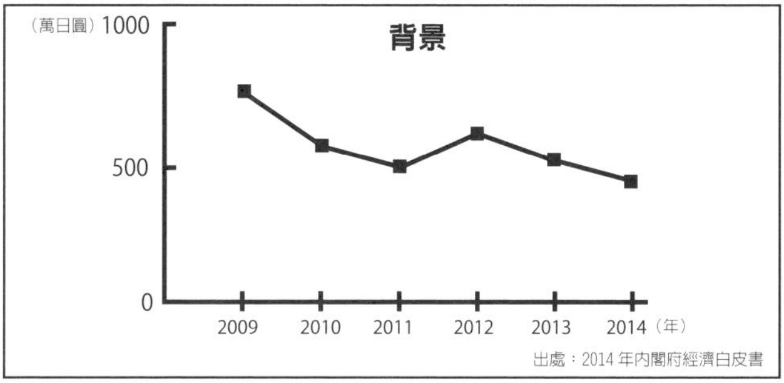
背景
（萬日圓）1000
500
0
2009
2010
2011
2012
2013
2014（年）
出處：2014年內閣府經濟白皮書

定量資料是官方機構發表的白皮書，或是自家公司的資料等能夠以數字表示的資料。如果以圖表呈現則更容易理解。

■利用定性資料佐證

背景

受訪者屬性	Q.選擇目前使用品牌的理由	Q.期待有什麼其他功能
20～29歲男性	設計很可愛	放智慧型手機的收納袋
20～29歲女性	收到的生日禮物	也可以當成背包使用
30～39歲男性	喜歡這個品牌	小型的收納空間
30～39歲女性	一直使用這個品牌，已經習慣了	希望有更多的隔間

定性資料指歸納問卷調查或大眾傳播媒體發表的記事等，不容易以數字表示的意見或感想等資訊。做成表格讓讀者方便閱讀。

Lesson 06

「目的」怎麼寫？

與客戶共享應達成的目標

「目的」是說明寫這份企劃書的意圖，也是與對方共享的部分。**對方因爲現狀的某個問題而感到困擾，針對這個問題你覺得應該如何改變。「目的」就是說明這個狀況。**

舉例來說，客戶委託關於新商品的活動企劃。

由於新商品在市場上的認知度本來就比較低，所以活動目的就是「提高商品的認知度」。如果清楚確定應達成的目標。例如，「目的是提高商品的認知度，我方將提出一個提高商品認知度的企劃案」，這樣就會與客戶共享目的。

如果無法掌握客戶的需求，在製作企劃書之前一定要先與客戶溝通。

不過，這種時候不能以負面的方式詢問對方。例如，「新商品的認知度很低，相信貴公司一定感到很頭痛吧？」這種問法只會惹惱對方。與其以負面的角度看待新商品，倒不如以肯定的語氣詢問：「貴公司的新商品非常好用啊，銷售狀況也一定很好吧？」這麼一來，對方就極可能會說出隱藏在心底的真心話。接下來就連同問到的內容寫出目的就可以了。

這個是重點！

- ✓ 清楚確定企劃案的目的，並與對方共享。
- ✓ 透過事前的討論，確認對方真正面對的問題。

「目的」的寫法

[一般企劃書的結構]

封面	前言	背景	**目的**	概念	具體對策	要件	預期效益	日程表	預算	問題	結語

■以條列方式說明目的

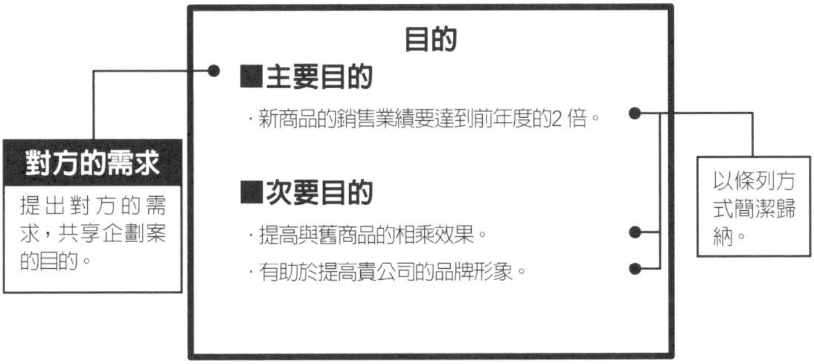

目的
■主要目的
‧新商品的銷售業績要達到前年度的2 倍。
■次要目的
‧提高與舊商品的相乘效果。
‧有助於提高貴公司的品牌形象。
對方的需求
提出對方的需求，共享企劃案的目的。
以條列方式簡潔歸納。

■利用圖解方式說明目的

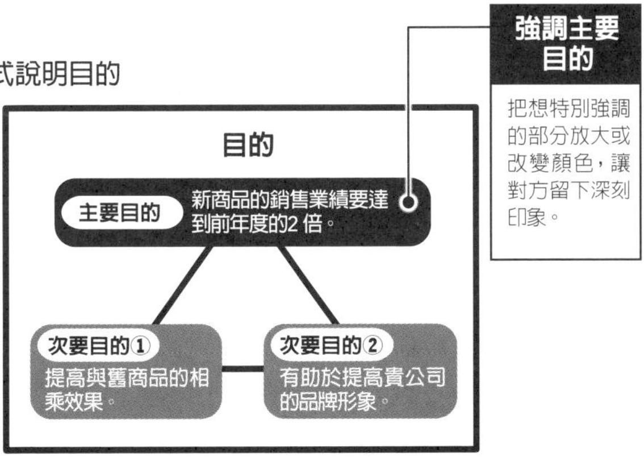

強調主要目的
把想特別強調的部分放大或改變顏色，讓對方留下深刻印象。
目的
主要目的
新商品的銷售業績要達到前年度的2 倍。
次要目的①
提高與舊商品的相乘效果。
次要目的②
有助於提高貴公司的品牌形象。

Lesson 07

鎖定「概念」

把應傳達給對方的內容濃縮為一個重點

「概念」就是以一句話向對方說明自己提案的企劃內容。

根據前一單元的「目的」與對方共享目標，爲了實現此目標而「思考了這項企劃案」。

在這裡希望讀者注意，概念與前面「目的」的論點必須一致。例如，針對「提高新商品認知度」的「目的」，擬定「在年輕人聚集的A車站進行電台節目公開直播，同時發放商品樣本」的「概念」。寫出概念後再重看一遍，確認這樣的概念是否具有邏輯性。

這時注意不要塞入過多的要素，這樣不僅會削弱每項要素的訴求力道，對方也不容易瞭解你眞正想表達的訴求重點。

透過概念表達的事情，鎖定一項就好。

如果很難透過文字表達，也可以利用傳遞氛圍的插畫或相片等呈現。

就算不看內文也能夠瞭解內容，這樣效果更好。

這個是重點！

✓ 提出符合「目的」的「概念」。

✓ 鎖定一個概念。

「概念」的寫法

[一般企劃書的結構]

封面	前言	背景	目的	**概念**	具體對策	要件	預期效益	日程表	預算	問題	結語

讓概念看起來較顯眼

放大文字、改變顏色等，加強讀者的印象。

概念

在年輕人聚集的A車站進行電台節目公開直播，同時發送商品樣本

讓主要目標客群的年輕人收到新商品的資訊！

加上補充要素

在概念之下補充說明。

放上插圖・相片

利用視覺性工具提高訴求力，讓對方容易想像。

Lesson 08

擬定「具體對策」

提出能夠實現的實行計畫

在「具體對策」部分，要具體說明若想要實現企劃案的概念，該做些什麼、如何做等，可以說就是實行計畫的步驟。

最重要的就是盡量提出具體的計畫。如何時做、何處做、誰做、做什麼、爲什麼要做、針對誰做、如何做等等，利用條列方式列舉以上各項內容。

如果是大規模的活動企劃，可以分類爲「①活動」、「②網站對策」、「③廣告」等項目，再針對各項目提出實施計畫。

實施計畫越具體，企劃內容就越具有真實性，這樣說服力就越強。而且企劃案通過後，計畫的執行也就會越順利。不過，由於經常發生對方要求修改的情況，所以不必堅持一開始就提出一個完美的實施計畫。

要提醒一點，**如果計畫在現實中無法實現，那就沒有意義了**。

就算企劃案通過，如果無法執行，問題可就大了。所以事先就要詢問所有相關人員的安排，確保計畫可以順利進行。

這個是重點！

- ✓ 具體確認「何時、做什麼」。
- ✓ 思考能夠實現的執行計畫。

「具體對策」的寫法

[一般企劃書的結構]

封面	前言	背景	目的	概念	**具體對策**	要件	預期效益	日程表	預算	問題	結語

具體對策

- when （何時）………… 2015 年 3 月 10 日
- where （何處）………… A 車站站前廣場
- who （誰）…………… 貴公司行銷團隊
- what （做什麼）……… 新商品的免費試喝活動
- why （為什麼）……… 提高新商品的認知度
- whom （針對誰）……… 20 ～ 30 多歲的女性
- how （如何做）……… 工作人員安排在數個不同地點提供試喝飲料

以條列方式歸納

列舉出「何時」、「何處」、「誰」、「做什麼」、「為什麼」、「針對誰」、「如何做」等各項目。

Lesson 09

製作「要件」

提出實現企劃案的必要制度

「要件」是爲了補充前面「具體對策」所增添的部分。說明爲了實現企劃案所需的體制或工具。

例如，「爲了進行這項企劃案，敝公司成立事務所，與外包廠商攜手合作」、「爲了執行企劃案，架設了特定期間使用的網站」等。

採用企劃案的客戶經常爲了此企劃案是否眞的能夠成功而感到不安。因此，爲了消除對方內心的不安，要搭配「具體對策」，**讓對方在腦中描繪實現企劃案後的成功畫面**。

具體來說，就是製作組織圖（實施企劃案的體制）與配置圖（所有成員的工作分配）。

除了客戶之外，提案者所屬的公司擔任什麼任務？具體呈現執行企劃案時每個人的工作分配。

這時的重點就是自家公司的定位。爲了**訴求缺了自家公司就難以實現此企劃案**，要特別強調自家公司擔任角色的重要性。

例如，「爲了達成業績成長的目標，需要這項企劃案」、「提案公司很適合實施這項企劃案」等，特意讓對方在腦中形成這樣的認知。

這個是重點！

- ✓ 讓對方掌握實施企劃案後的樣貌。
- ✓ 強調實現此企劃案時，自家公司存在的必要性。

「要件」的寫法

[一般企劃書的結構]

封面	前言	背景	目的	概念	具體對策	**要件**	預期效益	日程表	預算	問題	結語

■組織圖 呈現執行企劃案時，具體上會以什麼樣的體制運作。

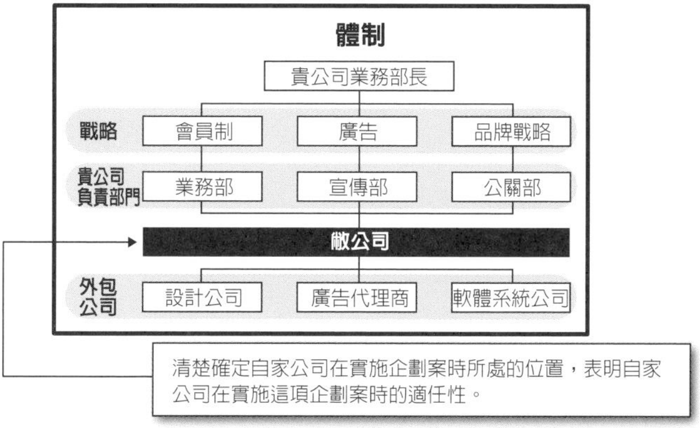
體制
貴公司業務部長
戰略
會員制
廣告
品牌戰略
貴公司負責部門
業務部
宣傳部
公關部
敝公司
外包公司
設計公司
廣告代理商
軟體系統公司
清楚確定自家公司在實施企劃案時所處的位置，表明自家公司在實施這項企劃案時的適任性。

■配置圖 呈現所有負責人的業務分工。

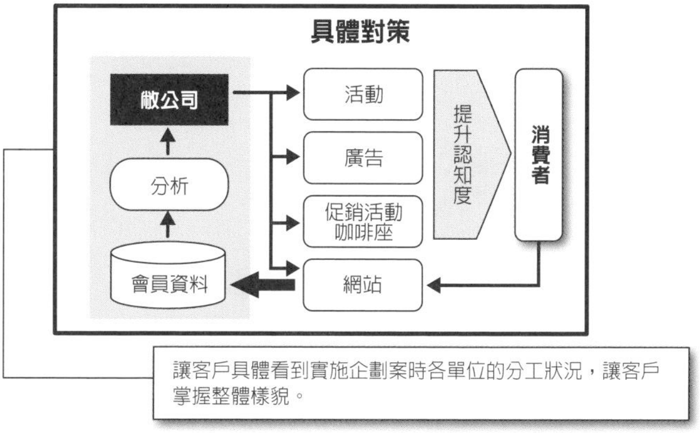
具體對策
敝公司
分析
會員資料
活動
廣告
促銷活動咖啡座
網站
提升認知度
消費者
讓客戶具體看到實施企劃案時各單位的分工狀況，讓客戶掌握整體樣貌。

Lesson 10

擬定「預期效益」

填入具體數字提高訴求力

「預期效益」說明實施這項企劃案會為對方帶來什麼樣的利益。

能否確實說明企劃案帶來的利益，這是提案是否成功的最大關鍵。

那麼，具體來說該怎麼做，才能讓對方認同我方提出的企劃案呢？其實最重要的就是**讓對方看到確實的數據**。比起「如果採用這項企劃案就會提高貴公司的來客率」，不如說「可以預測貴公司每家店每個月都會增加一百名來客數」，這樣更容易具體向對方說明實施企劃案的利益。

光是這麼做就會提高企劃案的訴求力，不過如果再多做一件事，效果會更好。那就是**清楚呈現實施企劃案前、後的變化**。如果說明「貴公司每家店的來客數每個月平均是三十人，不過如果採用這項企劃案，則可預見每個月平均將會增加一百人。」像這樣讓對方看到實施企劃案前、後的差別，對方將會留下更深刻的印象。

擬定「預期效益」時，可以參考以前服務過的其他公司的案例。

這個是重點！

- ✓ 利用數字呈現，將更容易傳達利益效果。
- ✓ 讓對方看到採用企劃案前、後，哪些事會產生什麼變化。

「預期效益」的寫法

[一般企劃書的結構]

封面	前言	背景	目的	概念	具體對策	要件	**預期效益**	日程表	預算	問題	結語

利用數字說話

以數字表示預期效益，將提高訴求力。

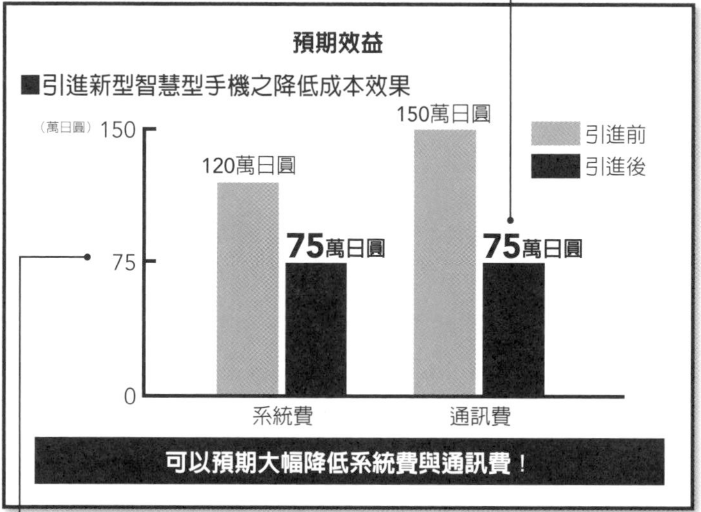

預期效益
■引進新型智慧型手機之降低成本效果
（萬日圓）
150
75
0
120萬日圓
150萬日圓
75萬日圓
75萬日圓
引進前
引進後
系統費
通訊費
可以預期大幅降低系統費與通訊費！

圖解

利用圖表呈現現狀與實施企劃案後的差別，對方也容易理解。

Lesson 11

製作「日程表」

讓對方看到大致的實施流程

「日程表」在企劃書中是很重要的項目。

不過，如果是第一次提案，**提供大致說明實施步驟的概略日程表即可**。請參考左圖上方，使用五邊形箭號簡單標出從頭到尾的大致流程就可以了。

雖說是概略的日程表，不過也要事先表明「如果在哪天之前回覆，才能在哪個期限內完成」。

透過這樣的提醒，客戶就容易判斷「若想要在○月實施企劃案，就必須趁早決定才行」。

另一方面，對方也可能要求你提出詳細的日程表。這時就可以使用左圖下方的表格，依照各個項目顯示「哪段期間做什麼事」，清楚設定各項工作的執行時間。

這種橫條圖稱爲甘特圖（Gantt Chart），可以在表格中具體歸納項目與年月等時間。橫軸表示時間，如果以箭號標出期間則更容易明白。

使用甘特圖，能夠讓對方具體掌握執行時間。

這個是重點！

- ✓ 首次提案給客戶時，概略的日程表即已足夠。
- ✓ 提出詳細的日程表時，要使用甘特圖。

「日程表」的寫法

[一般企劃書的結構]

封面	前言	背景	目的	概念	具體對策	要件	預期效益	**日程表**	預算	問題	結語

■概略的日程表可作為判斷依據

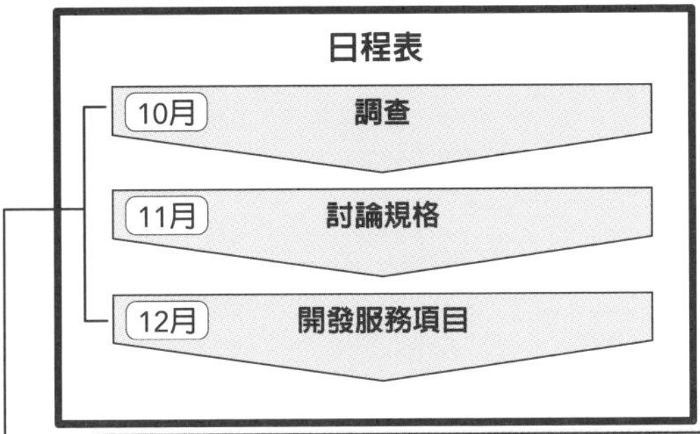

在最開始的階段，只要提出從頭到尾的大致流程即已足夠。

■製作詳細的日程表

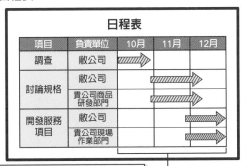

日程表

項目	負責單位	10月	11月	12月
調查	敝公司			
討論規格	敝公司			
	貴公司商品研發部門			
開發服務項目	敝公司			
	貴公司現場作業部門			

規劃具體的日程表時，如果使用表格與箭號標示作業的進行期間，客戶會更容易瞭解。

Lesson 12

編列「預算」

根據對方設定的預算提出預算金額

「預算」是讓提案對方瞭解實施企劃案所需的花費。不過雖說是讓對方瞭解費用，有時候在簡報階段也沒有必要讓對方看到詳細的估價單。只要記錄發生費用的項目與概算費用的總和就很足夠了。對方如果知道概算費用，對照自己所獲得的利益，就可以判斷是否能夠接受這項企劃案。

只是，如果對方要求詳細的估價單，也必須遵從對方要求。可以預估實施企劃案時每個必要項目的金額，再算出總金額即可。

編列「預算」時，必須注意的是對方的預算金額。**就算企劃內容與對方的想法一致，如果我方提出的預算大幅超出對方預算，企劃案也不可能通過。**必須在提案前先詢問對方的負責窗口，瞭解對方編列的預算金額。

「預算」也算是企劃書最後的完工部分，應該慎重與主管討論，不要自己一個人獨自判斷。

如果預測客戶會以「沒有預算」回應，也可以在預算這頁之外，再做一頁降價後的預算表。這也是一種談判的做法。

這個是重點！

- ✓ 掌握對方設定的預算。
- ✓ 製作「預算」時，一定要與主管討論。

「預算」的寫法

[一般企劃書的結構]

封面	前言	背景	目的	概念	具體對策	要件	預期效益	日程表	**預算**	問題	結語

■提出概算費用

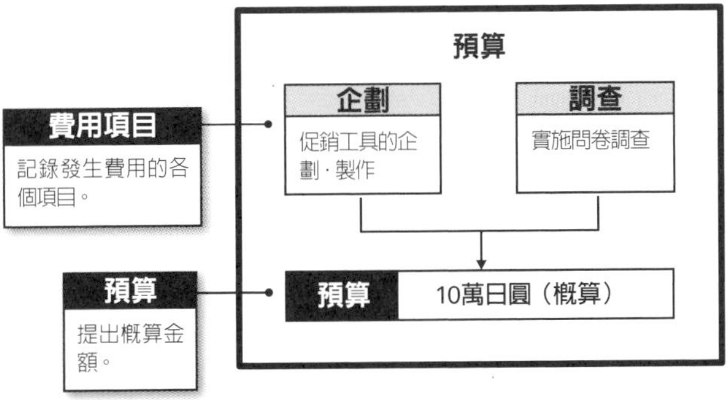
預算
費用項目
記錄發生費用的各個項目。
企劃
促銷工具的企劃・製作
調查
實施問卷調查
預算
提出概算金額。
預算
10萬日圓（概算）

■提出詳細的費用計算

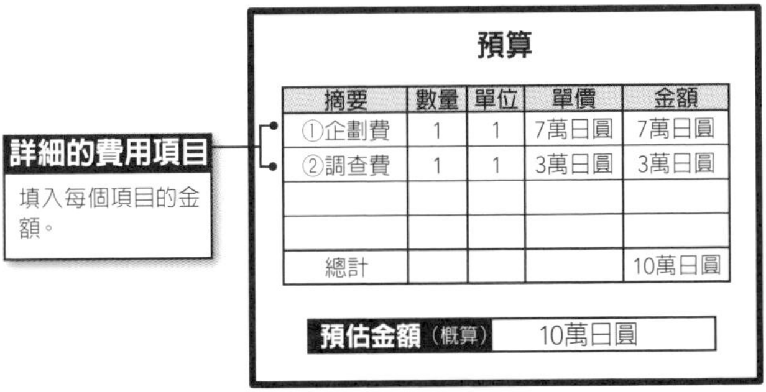
預算
詳細的費用項目
填入每個項目的金額。
預估金額（概算）
10萬日圓

摘要	數量	單位	單價	金額
①企劃費	1	1	7萬日圓	7萬日圓
②調查費	1	1	3萬日圓	3萬日圓
總計				10萬日圓

Lesson 13

擬定「問題」

事先提出預設問題，獲得對方信賴

在「問題」部分要列出實施企劃案時可能會發生的問題。例如，「實施企劃案時，會有這樣的問題，爲了解決這個問題，我想了以下的方法。」

通常實施企劃案時都會花費大筆金錢，當然也就不容許失敗。以對方的立場來想的話，比起聽到的都是些好事，根據現實發現問題並提出解決對策的做法，更令人感到安心與値得信賴。

思考問題時大致可分爲以下三類。首先是**實施企劃案時會產生的風險與阻礙**。例如，會受到氣候狀況影響的企劃案，必須事先擬定遇到壞天氣時的因應對策。

第二，**法條修正等社會性條件的改變**。法條修正可能會影響企劃案本身時，要另外準備不同的方案因應。

第三，**預定的承包業者或演出者無法配合**。事前可以準備多個替代人選，並事先確認對方的合作意願，萬一需要對方配合時就能夠輕鬆完成企劃案。

這個是重點！

- ✓ 執行企劃案時，若可能有問題發生要據實以告。
- ✓ 提出可能發生的問題與對策，讓對方看到你誠實的態度。

「問題」的寫法

[一般企劃書的結構]

封面	前言	背景	目的	概念	具體對策	要件	預期效益	日程表	預算	**問題**	結語

預設問題

如果在企劃階段預設可能發生的問題，要誠實告知。

內容

詳細記載預設問題。

問題

預設問題	內容	對應單位
法律問題	與所屬政府機構協調	貴公司
氣候問題	中止企劃案的損害保險	貴公司
	安排替代場所	敝公司
廠商無法配合的問題	安排替代廠商	敝公司

對應單位

載明如果有問題產生，是客戶解決還是自家公司解決。

Lesson 14

以「結語」結束企劃書

謝辭與聯絡資訊不可少

「結語」是投影片最後修飾的部分。寫上「結語」的目的有二，一是表達**「感謝的心情」**，二是**「提供聯絡資訊」**。

提出企劃案之後，這份企劃書會在對方公司流傳以進行細部討論。從對方的專案負責人到主管，然後送到擁有決定權的高層。也就是說，企劃書會在簡報之後，再度發揮其「功用」。

所以要讓對方確實明白你是秉持著眞心誠意完成這份企劃書。這樣就算對方這回沒有接受企劃案，下次獲得簡報的機會也會提高。

另外，當對方對企劃案有疑問時，如果企劃書裡沒有清楚記載自己的聯絡訊息，對方想聯絡也沒有辦法。所以企劃書裡至少也要寫上自家公司的名稱、自己的姓名、聯絡電話以及電子郵件地址等訊息。

另一方面，如果很遺憾地，企劃書沒有被採納而直接被對方歸檔，但是過了一段時間，或許因爲其他的機會而再度被想起，也是爲了這樣的可能性，企劃書一定要寫上自己的聯絡資訊才行。

商機不知何時來敲門，從頭到尾一定要注意小細節才行。

這個是重點！

- ✓ 記得說出內心的感謝之意。
- ✓ 清楚寫上自己的聯絡資訊，也可避免錯失商機。

「結語」的寫法

[一般企劃書的結構]

封面	前言	背景	目的	概念	具體對策	要件	預期效益	日程表	預算	問題	**結語**

感謝的心情

看到你對於有機會做簡報表示感謝之意，以及你能夠配合各種討論的態度，對方也會留下好印象。

結語

今天有機會來貴公司提案，真的非常感謝。
若有任何疑問，請立即與我聯繫。

●敝公司聯絡資訊
△△株式會社 業務部
負責窗口：○田○男
電話：00-0000-0000
E-mail：xx@xx.jp

聯絡資訊

清楚載明針對此企劃案的聯絡資訊，方便客戶聯繫。

第 3 章

如何寫「過關」的企劃書

寫企劃書並非目標，如果客戶不採用，那就一點意義也沒有。但要如何寫出一份在簡報中「過關」的企劃書呢？本章將具體說明「過關」企劃書的寫法。

在第 3 章能夠解答的疑問

在現代社會中，需要什麼樣的企劃書呢？

短時間之內能夠掌握內容的企劃書。(P62)

不花時間就瞭解內容的企劃書是什麼樣的企劃書？

歸納成一頁 A4 的企劃書。(P64)

若希望企劃書被採用，什麼內容是必須的？

真正需要的是「概念」、「背景」、「預期效益」。(P66 ～ 69)

如何寫一頁企劃書？

首先要根據基本格式書寫。(P70)

寫「概念」時，最主要的重點是什麼？

要讓客戶看出企劃內容的價值。(P72 ～ 79)

寫「背景」時，最主要的重點是什麼？

要分析對方的現狀，找出應解決的問題。(P80 ～ 85)

寫「預期效益」時，最主要的重點是什麼？

呈現實現企劃案後的成功樣貌。(P86 ～ 91)

企劃書完成後應該做什麼呢？

請確認內容是否正確。(P92)

簡報的訣竅是什麼？

請確實準備，並且注意自己的外表與說話方式。(P94 ～ 101)

Lesson 01

現代企劃書應有的樣貌

必須是一目瞭然的企劃書

企劃書主要是簡報中用來作爲討論、判斷的工具。簡單明瞭向客戶說明商業計畫，獲得對方同意實施這項企劃案才是最終目標。

那麼，在現代的商業場合中，需要什麼樣的企劃書呢？

那就是**「簡潔」**。就只有這點而已。

各位聽過「電梯簡報」這個詞嗎？這個詞彙清楚描述了對極爲忙碌的經營者或投資者提企劃案的樣貌。

在電梯前等待對方多時，與對方一起搭電梯到達目的樓層之前，把自己的企劃案說明完畢。

雖然這是非常極端的案例，不過在講求速度的現代商業社會中，越來越難要求對方撥出時間看看自己的企劃書。

在這樣的狀況下，如果交給對方一份厚達幾十頁的企劃書，你覺得結果會如何呢？相信對方連看也不想看就讓你吃閉門羹吧。

對方不花時間就能夠一眼掌握內容。這才是符合現代需求的企劃書樣貌。

這個是重點！

- ✓ 企劃書應該要簡潔。
- ✓ 重要的是對方就算不用花時間，也能夠掌握企劃內容的重點。

現代社會需要簡潔的企劃書

BAD CASE

本來就已經很忙了，就算拿到這麼厚的企劃書也不會看……

GOOD CASE

如果簡潔歸納，對方一眼就能夠掌握內容，就算是一點時間，
對方抽空瞭解的可能性也會提高。

Lesson 02

為什麼一張A4最好

對讀者不會造成負擔的「一頁企劃書」

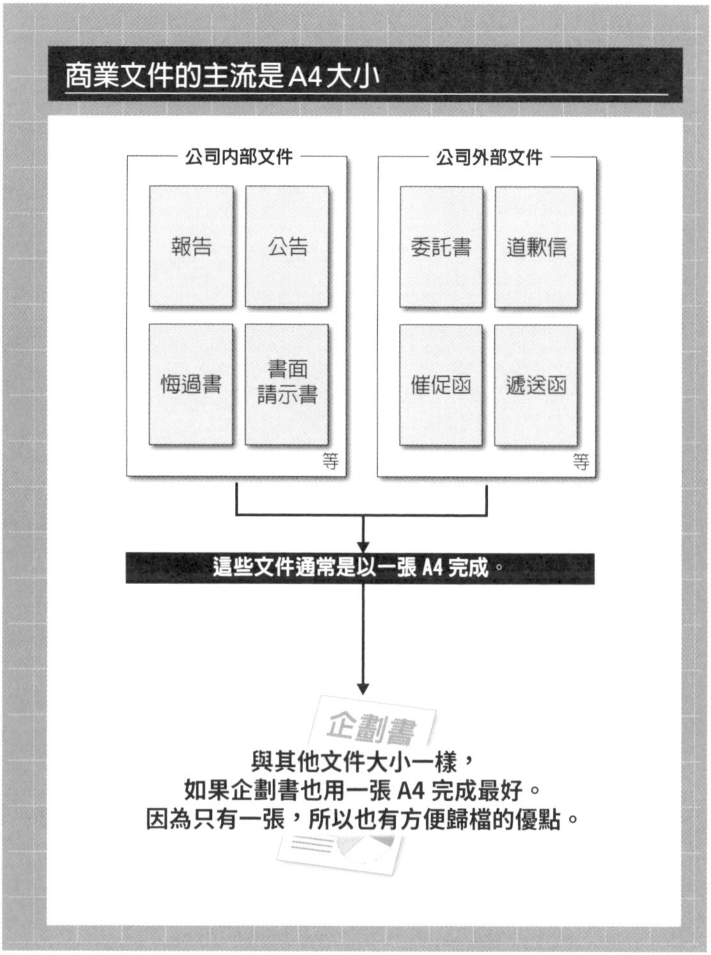
商業文件的主流是A4大小
公司內部文件
報告
公告
悔過書
書面
請示書
等
公司外部文件
委託書
道歉信
催促函
遞送函
等
這些文件通常是以一張A4完成。
企劃書
與其他文件大小一樣，
如果企劃書也用一張A4完成最好。
因為只有一張，所以也有方便歸檔的優點。

那麼，不用花時間閱讀就瞭解內容的企劃書，到底是什麼樣的企劃書呢？我建議的是以一張A4紙就歸納所有內容的企劃書。如果是這樣的企劃書，對於對方而言完全不會造成任何負擔。**客戶能夠一眼就瞭解整個企劃內容**，這也是經營高層喜好的風格。

另外，現在的商業環境中，文件的規格以A4爲主，所以一頁A4企劃書也具有方便歸檔的優點。

不過，把想傳達的訊息集中在一頁A4紙上，這比想像中的還要困難。原因是字數少，必須取

以一張A4歸納企劃內容應注意的重點

以條例方式歸納重點

以條例方式歸納重點，能夠讓對方在短時間之內瞭解內容。

鎖定資訊

思考真正必要的資訊到底是什麼，記載最主要的重點。

簡單的視覺化效果

最低限度的圖表或相片等視覺性工具是必要的。

新事業企劃書	2015 年1月
活用毘沙門天交通公司在東京都內擁有公車路線的強項所成立的新事業 利用數位電子看板建立廣告事業	社長室 神樂坂太郎 公車事業部 牛込花子 廣告部 矢來次郎

背景	·隨著網路廣告普及，數位電子看板（戶外廣告·交通廣告）也開始受到注目。 ·由於ICT技術使得導入與運用變得容易進行，也能夠預測消費者的行動適時推出廣告。 ·不過，市場上擁有數位電子看板媒體的企業不多，廣告代理商為此感到頭痛。
概念	·本公司公車路線的站牌、休息站等設置數位電子看板廣告。 ·為新型事業定位。
預期效益	·以往只會花錢的站牌、休息站等也有機會創造收益。

	2015 年度	2016 年度	2017 年度
投入預算	1200 萬日元	1600 萬日元	2300 萬日元
預估營業額	1200 萬日元	1500 萬日元	2000 萬日元
收益	▲1200 萬日元	100 萬日元	300 萬日元

新事業的預估收益
3000
2000
1000
0
-1000
轉虧為盈！
2015年
2016年
2017年
收益
營業額

2016年轉虧為盈，初期投入的預算預估1,200萬日圓

這個是重點！

✓ 以一張A4歸納企劃內容。

✓ 簡潔歸納在一張紙上，客戶能夠一眼掌握整個企劃內容。

捨相當的資訊。企劃書中哪些資訊是重要的？自己到底想說些什麼？想強調哪些重點等，一定要確實掌握才行。

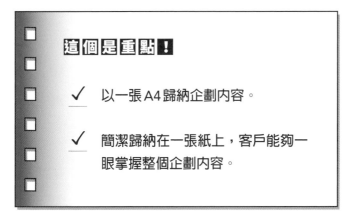

Lesson 03

何謂「過關」的企劃書？①

企劃書過關必備三要素

寫企劃書不是目標。容我再重申一遍，企劃書是向客戶說明商業計畫，並獲得對方同意實施的文件。也就是說，**企劃書的目的就是讓簡報過關**。

一項企劃案在客戶或公司內部實施之前的具體流程是：「思考企劃案」、「撰寫企劃書」、「做簡報」、「通過企劃案」、「實施企劃案」。

那麼，被採用的企劃案到底是怎樣的內容呢？以下舉出企劃案的三個要素，希望讀者要特別注意。

首先第一個要素是「**是否打動對方？**」。在這部分需要的是打動對方內心的「一句話故事」（七十八頁）。

第二個要素是「**對方是否得到利益？**」。如果沒有利益，應該不會有人感興趣吧。記住，對方感受不到好處的企劃案，基本上是不會過關的。

第三個要素是「**是否有佐證的資料？**」。無論列出多吸引人的計畫，如果無法合理證明真的能夠實現的話，對方就不容易接受這項企劃案。

這個是重點！

- ✓ 企劃書的目標是讓簡報過關。
- ✓ 如果企劃案無法打動對方就不會被採用。

「過關」企劃書必備的要素

■實施企劃案之前的流程

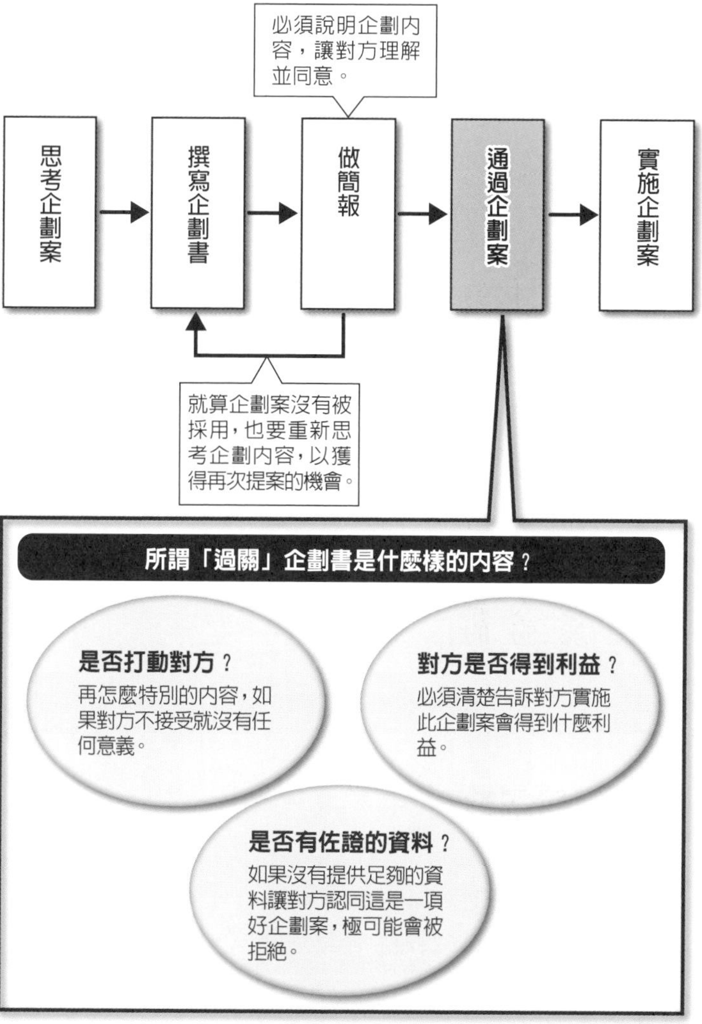
必須說明企劃內容，讓對方理解並同意。
思考企劃案
撰寫企劃書
做簡報
通過企劃案
實施企劃案
就算企劃案沒有被採用，也要重新思考企劃內容，以獲得再次提案的機會。

所謂「過關」企劃書是什麼樣的內容？

是否打動對方？
再怎麼特別的內容，如果對方不接受就沒有任何意義。

對方是否得到利益？
必須清楚告訴對方實施此企劃案會得到什麼利益。

是否有佐證的資料？
如果沒有提供足夠的資料讓對方認同這是一項好企劃案，極可能會被拒絕。

Lesson 04

何謂「過關」的企劃書？②

必備三要素指「概念」、「背景」、「預期效益」

前一單元說明了讓簡報「過關」的企劃書不可或缺的三要素。如果將此概念套用到一般企劃書的結構（①封面、②前言、③背景、④目的、⑤概念、⑥具體對策、⑦要件、⑧預期效益、⑨日程表、⑩預算、⑪問題、⑫結語），就濃縮為以下三大項。

那就是：⑤**概念（企劃內容）**、③**背景（佐證的資料）**、⑧**預期效益（對方所能獲得的利益）**。

以概念打動對方，透過背景證明概念以說服對方，然後利用預期效益抓住對方的心。製作企劃書時，只要把重點放在這三項要素就夠了。

反過來說，再怎麼花時間用心製作，只要缺少這三項元素，就會成為「不合格」的企劃書。

就算是不擅長寫企劃書的人，只要傾全力把焦點放在這三件事就好，感覺就能夠輕鬆完成企劃書了吧。

接下來把這三項元素填寫在A4紙上，這樣就完成一份幫助簡報過關的「一頁企劃書」了。

這個是重點！

✓ 企劃書若想要過關，「概念」、「背景」、「預期效益」非常重要。

✓ 把三個項目填寫在一張A4紙上。

「過關」企劃書不可缺少的三要素

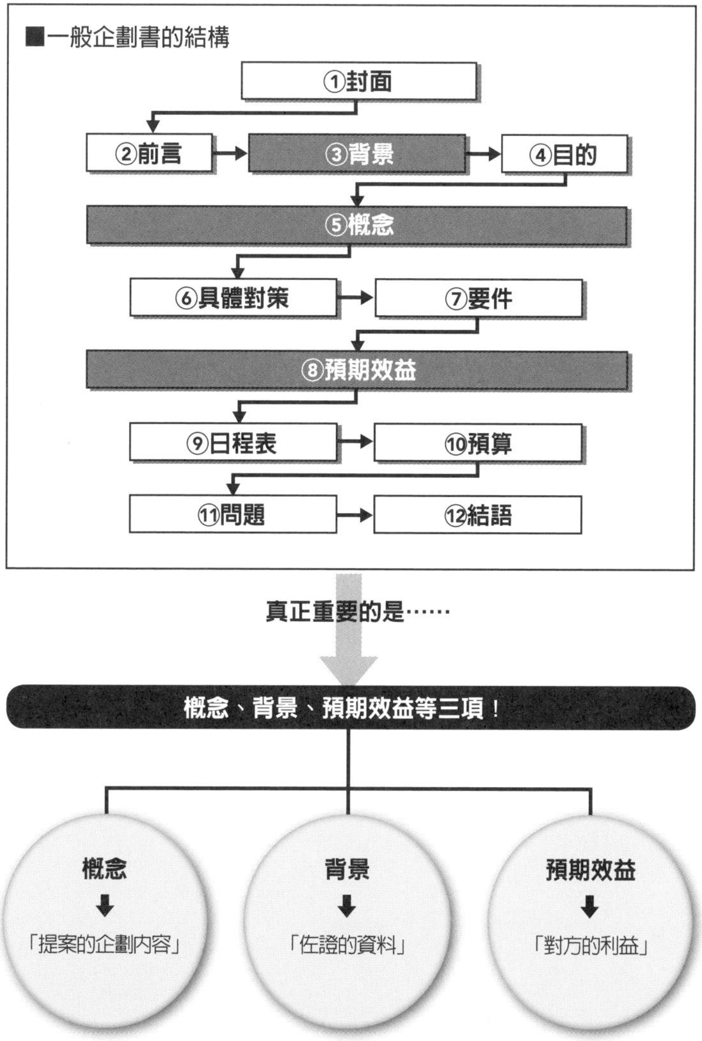

Lesson 05

製作一頁企劃書

只要以三個主軸為架構就夠了

與一般的企劃書一樣，一頁A4企劃書也有其基本格式。請先依照基本格式試寫一頁企劃書吧。

基本格式分爲橫式與直式。如果不知如何區分運用的話，可以掌握以下重點，**如果有使用圖表製作企劃書就使用橫式，若以文字爲主的企劃書則使用直式**。

「標題」是最先讀到的部分，若是橫式格式，標題就要放在左上方，若是直式格式，標題就要放在上方正中央的位置。接下來是「日期．提案者姓名」，若是橫式格式要放在「標題」旁，若是直式格式就要放在標題的右下方。「標題」與「日期．提案者姓名」是寫企劃內容之前一定要先寫好的基本事項。

再來就是擺放「概念」的位置。「概念」是企劃書的核心部分，所以要大大地放在顯眼的位置。

「概念」之下並排「背景」與「預期效益」。這樣就完成A4一頁企劃書的架構了。如果有需要的話，在這之後再加上「日程表」與「預算」就可以了。

這個是重點！

✓ 基本格式裡放入三項要素。

✓ 使用圖表時，建議選擇橫式格式；以文字為主的話，選擇直式格式。

一頁企劃書的基本格式

■A4橫式的一頁企劃書

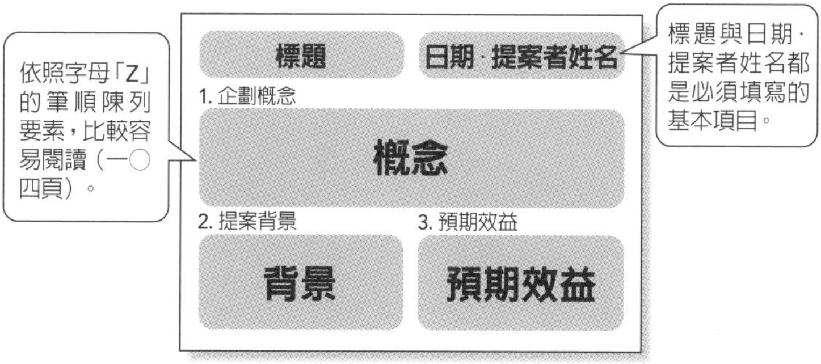
標題
日期‧提案者姓名
1. 企劃概念
概念
2. 提案背景
背景
3. 預期效益
預期效益
依照字母「Z」的筆順陳列要素，比較容易閱讀（一〇四頁）。
標題與日期‧提案者姓名都是必須填寫的基本項目。

■A4直式的一頁企劃書

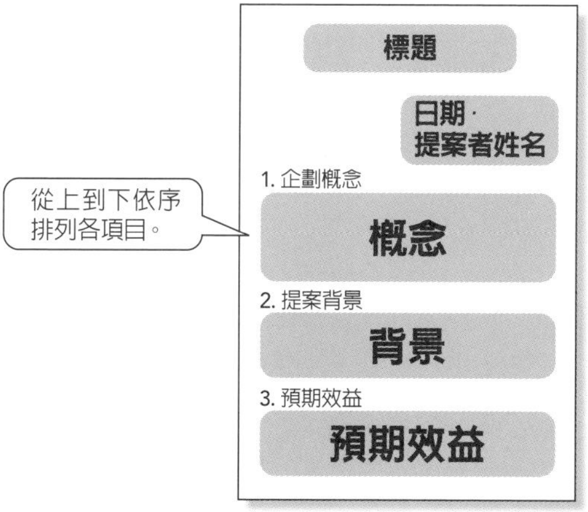
標題
日期‧提案者姓名
1. 企劃概念
概念
2. 提案背景
背景
3. 預期效益
預期效益
從上到下依序排列各項目。

Lesson 06

鎖定概念①

透過客戶的說明掌握客戶的要求

擬定企劃的「概念」時，最重要的就是「如何讀取對方的想法？」。如果這部分沒有搞清楚的話，光是這點就無法讓對方接受你的企劃案，簡報也會以失敗告終。

瞭解對方需求的機會就是客戶說明的時候，也就是當客戶委託企劃案時，說明提案主旨的時候。

雖說如此，對方也不見得會一五一十詳細說明。因此，聽取說明時一定要準備確認清單一一確認。

確認清單就是6W3H，也就是根據When（何時）、Where（何地）、Who（誰）、What（做什麼）、Whom（對誰）、Why（爲什麼）、How（如何做）、How much（預算）、How long（期間）等項目所建立的清單。

如果有事項沒有說明或有問題的話，在聽取說明之後就要提問，務必在當場解決不清楚的部分。

聽取客戶說明之後，就可以利用Word等文書軟體彙整討論內容，製作成數位資料。因爲日後到了製作企劃書的階段時，就能夠使用該文件內容提高寫企劃書的效率。

這個是重點！

- ✓ 聽對方說明時，要準備確認清單一一確認。
- ✓ 如果說明後還有疑問的話，務必在現場解決。

使用確認清單，正確掌握對方的要求

確認清單

- ☐ **When**
（希望什麼時候實施這項企劃案？）
- ☐ **Where**
（實施企劃案的地點是哪裡？）
- ☐ **Who**
（對方的負責窗口、決定者是誰？）
- ☐ **What**
（需要什麼樣的企劃案？）
- ☐ **Whom**
（企劃案實施的對象是誰？）
- ☐ **Why**
（為什麼這個企劃案是必要的？）
- ☐ **How**
（用什麼方法進行？）
- ☐ **How much**
（有多少預算？）
- ☐ **How long**
（實施企劃案的期間有多長？）

根據 6W3H 確實掌握客戶的想法。

- ☐ **對方的經營方針之特別重要的重點為何？**
- ☐ **對方現在的要求中特別著重的部分是什麼？**
- ☐ **對方這次重視的重點是什麼？**

如果感覺有疑問或資訊不足之處，要積極提問。

Lesson 07

鎖定概念②

這個企劃內容真的是對方所需要的嗎？

透過說明知道客戶的要求之後，必須**重新建構企劃概念**。因爲就算是相同商品，設定的概念不同，提案的方法也會大不相同。

舉例來說，假設對方委託你提一個通勤用自行車的商品企劃案。假設你決定以「早上享受清爽的感覺」爲概念，提出講究速度·性能的自行車商品。但是，萬一對方想要的是「時尚且受到女性消費者青睞的外觀」，結果會如何呢？基本上這份企劃案就不會過關了吧。

「這個提案眞的與對方的要求一致嗎？」

請重新檢視客戶說明時自己製作的確認清單，仔仔細細地思考對方眞正需要的企劃內容。

有時寫企劃書會被自己先入爲主的觀念束縛，而無法達到對方的要求，因此歸納思考時，可以請主管或同事給些意見，避免偏離客戶的要求。如果感覺概念好像有點偏離，請對方再說明一次，也是一種保險的做法。

這個是重點！

✓ 提案内容要與對方的要求一致。

✓ 透過第三者的角度確認企劃主軸沒有偏移。

確認這個「概念」是否真的符合對方的要求

對方的要求

想研發前所未有的新車款。

概念①
「行李空間大」

提案內容①

- 客貨兩用車？
- 傾倒第二排座椅就有載貨空間的休旅車？

概念②
「享受約會時光」

提案內容②

- 外觀帥氣的跑車？
- 講究內裝的休旅車？

概念③
「載全家人出門兜風」

提案內容③

- 節省燃料費的油電兩用車？
- 就算行李增加，空間也夠裝的休旅車？

如果「概念」不同，提出的企劃內容就會大不相同。請一定要再次確認這個「概念」是否真的符合對方的要求。

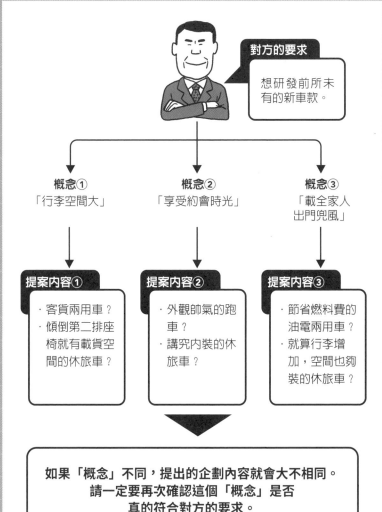

Lesson 08

鎖定概念③

清楚確定目標客群的樣貌

擬定「概念」時，如果是成立新事業或是商品的企劃·促銷等，必須清楚確定目標客群，讓客戶知道這項企劃案是針對哪些客群設計的。以前是以性別、收入程度、年齡層等屬性作爲目標客群的基本要素。不過，在商品與資訊氾濫的商業時代，必須配合目標客群的屬性，提出「使用場合」。

若想要做到這點，必須**具體設定目標客群的人物像**，也就是「人物設定」（Persona）。舉例來說，「目標客群是二十八歲的粉領族。單身。想開始做些什麼運動。注重打扮。比起價格的划算，更重視商品的價值。住在離公司不到五公里的老家。」

這個商品設定的目標客群會採取什麼行動？這行動與提案的企劃內容又有什麼關係？「本公司提出一個價格稍高，但是外觀非常講究的自行車款。請試著想像一下，這樣的女性騎著貴公司的自行車通勤的模樣……」像這樣讓客戶具體看到消費者使用商品的情境，這樣就掌握了企劃案被採用的關鍵。

這個是重點！

- ✓ 目標客群的人物設定要符合具體的現實人物。
- ✓ 具體呈現顧客使用商品的畫面。

清楚確認目標客群，讓概念越來越清楚

1. 顧客屬性
- 年齡？
- 性別？
- 已婚．未婚？
- 家族成員？

2. 生活水準
- 收入？
- 社會地位？
- 租屋？自住？

3. 商圈範圍
- A車站步行區域範圍內？
- 地下鐵B線沿線？
- 開車○分鐘的距離之內？

4. 舊客戶 or 新客戶
- 找尋舊車換新車的客戶？
- 找尋潛在客戶？

5. 價值觀
- 講求環保的人？
- 講究品質的人？
- 在意價格的人？

6. 廣告對象
- 看現貨才會購買的人？
- 看電視廣告或宣傳單就會購買的人？

▼

清楚確認目標客群，藉此提高企劃案的成功率。

Lesson 09

鎖定概念④

以「一句話說故事」說明企劃案概念

前面說明了鎖定「概念」時的重點。如果要做個整理的話，那就是「找出對方的需求」、「再次確認企劃案的概念」、「清楚設定企劃案的目標客群」。

根據這些，再以「一句話說故事」呈現企劃案的概念。因爲透過故事情節可以讓對方在腦中描繪企劃內容。

編寫故事情節的重點是，**「客戶的目標客群使用商品或服務時流露喜悅的心情」**。還有，**「客戶是否能夠看到此企劃案的價值」**。

如果故事情節是荒唐的想像畫面就沒有意義，必須是現實上合理，同時對方也有同感的故事情節才行。

舉例來說，「這個企劃案爲住在都市近郊的粉領族提供一個時髦的路騎生活模式，讓粉領族的生活可以兼顧健康與時尚裝扮。」像這樣總結就可以了。把這樣的故事情節放在一頁企劃書基本格式中的概念部分，這樣就完成「概念」了。

這個是重點！

- ✓ 設想一個故事情節，讓客戶看出企劃內容的價值。
- ✓ 故事情節安排在一頁企劃書基本格式中的「概念」部分。

完成企劃的概念

企劃案的主題	改裝店面時增設專櫃	
切入點	目的	達成業績比前年度增加30%的目標
	目標客群	住在都市近郊的粉領上班族
	想解決的問題	提高女性來客率
	類似的想法	針對慢跑女性的服飾專櫃
	差異化重點	特別著重在女性用品

▼

想出一句話故事的情節

▼

為了讓生活在都市近郊的粉領族，
同時滿足健康與時尚裝扮等兩個願望，
提出時尚·路騎的生活方案。

Lesson 10

製作背景①

知道對方的陣容，提出有效的資料

搞清楚客戶的關鍵人物

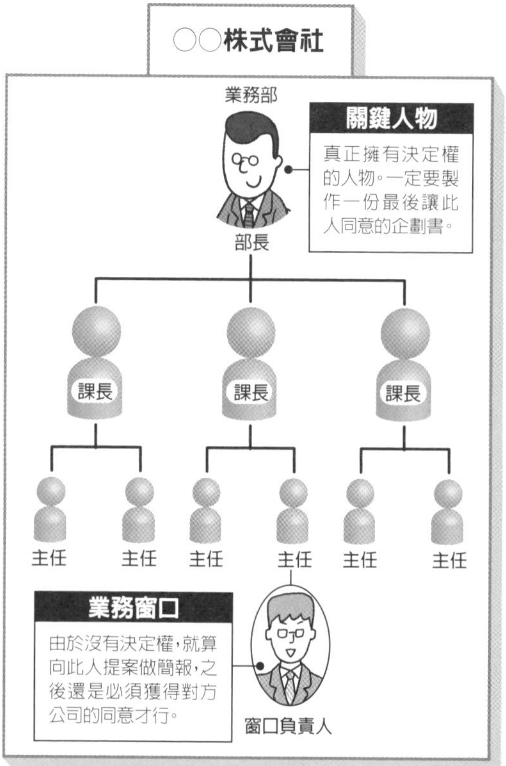

○○株式會社
業務部
關鍵人物
真正擁有決定權的人物。一定要製作一份最後讓此人同意的企劃書。
部長
課長
課長
課長
主任
主任
主任
主任
主任
主任
業務窗口
由於沒有決定權，就算向此人提案做簡報，之後還是必須獲得對方公司的同意才行。
窗口負責人

「背景」是讓客戶瞭解你提出這個企劃案的理由。雖然提出客觀的資料會提高說服力，不過也不是有資料就萬事ＯＫ。

準備資料之前，必須掌握真正要說服的對象是誰。舉例來說，Ａ公司的Ｂ課長委託此項企劃案，但是實際掌握決定權的是Ｃ部長。那麼，如果企劃案無法吸引Ｃ部長，此企劃案就不會被採用。關鍵人物重視的重點各有不同。例如，有人重視數字資料等，依著不同的關鍵人物，企劃書的製作方式也截然不同。

請記得，**如果能夠瞭解關鍵人**

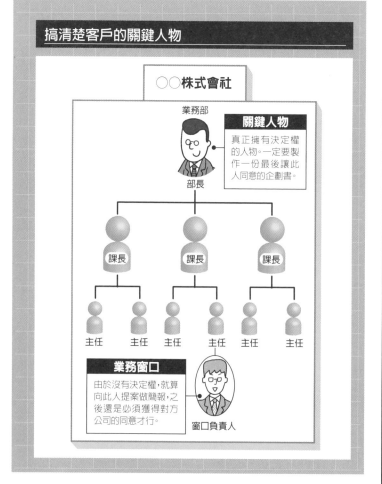

物的特性，配合其特性加入適當的元素，光是這麼做就會提高企劃案「過關」的可能性。

根據決定者的不同類型寫出不同的「背景」

邏輯型

重視證明概念的資料或圖表，以邏輯歸納結論。

保守型

除了一頁企劃書之外，還要附上規格書等其他資料，讓資料看起來充實完整。

情感型

使用插圖或相片，讓對方想像企劃內容。

一人老闆型

為了讓對方不用花時間閱讀，簡單地歸納企劃書內容。

這個是重點！

✓ 找出客戶的關鍵人物。

✓ 配合關鍵人物的特性，擬定提案內容。

Lesson 11

製作背景②

分析對方的現狀，發現問題

製作「背景」時，必須先調查對方公司目前的狀況。

對方經營公司的理念是什麼？在世界潮流中的定位是什麼？公司目前有什麼問題？顧客的動向如何？競爭對手的狀況如何？

從這些資訊找出與企劃案相關的資訊，發現客戶的問題。

這樣的分析結果將成爲證明概念的根據。

例如，「雖然現在的消費者傾向購買低價商品，但是另一方面也追求商品的附加價值，所以我想了這個企劃案。如果是這樣的商品就能夠與競爭對手的目標客群做出區隔。」

除此之外，如果加上對方公司的「理念」，例如，「貴公司從創業至今一直都很重視挑戰精神」。通常客戶那邊會產生意想不到的正面反應。

就如同在第一章說明了培養蒐集資訊習慣的重要性，如果平常就習慣蒐集．整理社會趨勢，或市場．消費者的動態等資訊，製作「背景」時將獲益良多。

這個是重點！

- ✓ 分析客戶公司的現狀。
- ✓ 透過現狀，分析發現對方面臨的問題。

進行現狀分析，找出問題點

現狀分析

1 社會動態

內容
- 少子高齡化
- 稅賦上升
- 人口減少

調查方法
- 公家機關發行的白皮書
- 財經報紙

2 市場動向

內容
- 市場規模不斷縮小
- 低成本商品的市場變大
- 類似商品氾濫

調查方法
- 民間的資料銀行
- 業界報紙

3 消費者動向

內容
- 低價格取向
- 對於興趣的消費減少
- 要求附加價值的人變多

調查方法
- 各種調查
- 業界的研究資料

4 競爭狀況

內容
- 有無競爭商品
- 競爭對手未來是否打算投入市場

調查方法
- 業界報紙
- 業界團體公布的資料
- 各種調查

5 客戶的狀況

內容
- 舊商品的銷售狀況
- 經營情況
- 公司基本方針、理念

調查方法
- 公司內部・公司外部的採訪
- 銷售店鋪的消息來源

透過上述方式進行現狀分析，藉此找出公司的問題點。

Lesson 12

製作背景③

決定應解決問題的優先順位

如前一單元所說明的，如果分析客戶的現況，就會看出對方應該解決的問題。

在這個階段發現的問題多半不會只有一項。這時請不要企圖一次解決所有問題。一旦提出多項解決對策的話，眞正想傳達的重點就會模糊。

因此，從浮現出來的多項問題中，**選出你認爲對方最想解決的一個問題**，然後再針對這個問題提出企劃案。

只是，問題也是對方不太想面對的事實。例如，「因爲價格高所以賣不出去」、「由於店員的應對不好，所以來客數沒有增加」等等。因此，提出問題時，必須清楚載明資料的出處，表示這是根據客觀的事實所提出的資料。

如果是問卷調查的結果，也要清楚寫出「何時、何地、對誰、什麼樣的調查」等。如果手上沒有資料，也可以舉出以往的經驗或是競爭對手實際發生的具體問題等。

這個是重點！

- ✓ 應該解決的問題只留一個就好。
- ✓ 針對選出的一個問題提出解決對策。

在浮現出來的多個問題中只鎖定一個解決

分析現狀尋找問題時，會出現許多應解決的問題。

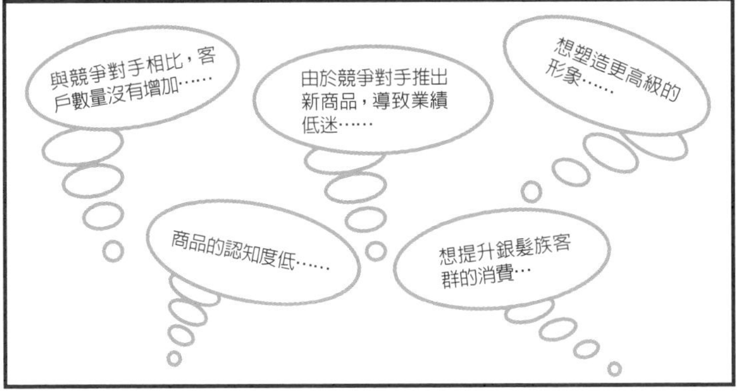
與競爭對手相比，客戶數量沒有增加……
由於競爭對手推出新商品，導致業績低迷……
想塑造更高級的形象……
商品的認知度低……
想提升銀髮族客群的消費…

▼

決定應該解決的問題之優先順序，選出最重要的問題。

▼

問題　商品的認知度低

我提出這個企劃案的理由是，因為有「商品認知度低」這個問題存在。

Lesson 13

設定預期效益①

以「成功的故事」呈現預期效益

繼「概念」、「背景」之後，最後就是陳述「預期效益」。「預期效益」的任務就是讓對方知道實施此企劃案後會獲得什麼利益。

若希望企劃案過關，當然必須端出符合對方利益的企劃案才行。要怎麼做才會讓對方感受到利益呢？你必須讓對方在腦中浮現「成功的故事情節」。讓對方想像採用企劃案之後的成功畫面。

公司所要求的成功故事大致可分爲以下四種，分別是「提高利潤」、「提高品牌形象」、「幫助企業成長」、「實現經營者的夢想」。

「如果採用這項企劃案的話，長久以來的問題會獲得解決，業績也會提升，那麼這季或許就有希望轉虧爲盈」、「改善以往效率差的工作制度，降低加班時數，這樣或許就能夠降低成本」，如果能夠像這樣**讓對方具體想像採用企劃案後的利益，則會提高企劃案過關的可能性**。

當然，無憑無據的說法無法說服對方。如果引用其他公司的案例或是權威專家的研究成果，將更具有說服力。

這個是重點！

- ✓ 讓客戶在腦中描繪採用企劃案後的成功畫面。
- ✓ 利用其他公司的案例或專家的研究資料。

讓客戶想像採用企劃案後的成功畫面

無用的模式

這個商品是前所未有的高規格商品，總之就是超棒的！
NEW

就算只說明自家公司的產品或企劃案的優點，對方不會心動，也想像不到採用企劃案後的利益。

成功的模式

與貴公司目前使用的電腦相比，這個電腦的處理速度快了兩倍，可以提高員工的工作效率。
NEW

如果讓對方腦中浮現採用企劃案（採購商品）後的畫面，將提高說服力。

再怎麼說企劃案，都是站在對方的立場所想出來的方案。最重要的就是讓對方順利地想像採用企劃案後成功的畫面，瞭解透過企劃案會得到什麼利益。

Lesson 14

設定預期效益②

最能打動對方內心的利益是什麼？

具體提出對方的利益時，最重要的就是找出**最能打動對方內心的利益**。例如，如果增加利潤這點最能打動對方，那就必須以具體數字提出成本效益。

那麼，要如何決定對方心中的優先順序呢？首先，請重新檢視對方在說明時記錄下來的確認清單，確認對方的要求內容。除此之外，也可以確認對方公司的經營方針。

如果是上市公司，公司網站的首頁會登載ＩＲ（投資人關係）。ＩＲ中會詳列公司的經營狀況，以及未來公司的事業發展等針對股東發表的資訊。請參考這些訊息，並根據這些訊息設定打動對方心中的利益。

像這樣設定優先順序之後，接下來要思考**如何說明更能打動對方內心**。舉例來說，「如果月底前決定的話，就可以特別提供……」像這樣加入限定條件，或是「（每個月增加三％可能沒有感覺，所以）一年能夠減少三十六％的成本」，用大大的數字表示等，都是一些有效的手段。

這個是重點！

- ✓ 選出最能打動對方內心的利益。
- ✓ 思考讓對方動心的做法。

呈現具體的利益

預期效益

價格

- 價格便宜
- 限定價格
- 免費
- 附贈品

如果想在價格上提高訴求力，要事先與主管討論，擬定報價的戰略。

（例）「如果月底前決定就可以打八折。」

效果

- 降低成本
- 增加收益
- 減少工作時間

如果客戶重視的是採用企劃案所帶來的效果，要以確實數字顯示預測效果。

（例）「A公司採用這項企劃案後，成本從一百萬日圓降到五十萬日圓。」

預測效果的方法

1. **參考相同案例的數值。**
2. **如果沒有相同案例，透過專業書籍等資料找尋類似案例。**
3. **進行行銷測試。**
4. **尋求該領域專家的意見。**

Lesson 15 設定預期效益③

揭示通往成功的途徑

能否讓對方在腦中描繪成功畫面，「預期效益」扮演著重要的角色。不過，有時候有些感覺無法靠文字傳達，這時可以製作「規劃藍圖」，呈現客戶從現狀到企劃成功之間的過程，把對方會得到的利益視覺化。

所謂「規劃藍圖」，簡單說就是「未來想像圖」。

總之就是**呈現何時會達成什麼樣的最終目標，並且清楚確定針對什麼事情進行什麼計畫。**透過這個方法，對方就能夠瞭解此企劃案帶來的利益。

另外，實施企劃案的過程中可能會發生什麼問題，該如何解決這些問題等，規劃藍圖也能夠幫助客戶想像更具體的畫面。例如，「若想要達成業績目標，必須解決認知度不足的問題，因此要在公關部設立品牌委員會，與業務部一起合作」。

規劃藍圖可以分爲「最終目標」、「中間目標」、「客戶現狀」等三階段。這時從「最終目標」開始思考是你的絕招。透過清楚制定的目標，就容易針對目標擬定精確的因應對策。

這個是重點！

- ✓ 製作通往成功的規劃藍圖，把對方將得到的利益視覺化。
- ✓ 規劃藍圖依「最終目標」、「中間目標」與「客戶現狀」等三階段依序排列。

利用規劃藍圖讓對方想像利益

■製作規劃藍圖的流程

設定最終目標，清楚說明什麼時間之前會達成什麼事。 → 設定抵達最終目標的過程中所達成的中間目標。 → 分析現狀。清楚確認該如何做、做些什麼才能夠達成最終目標。

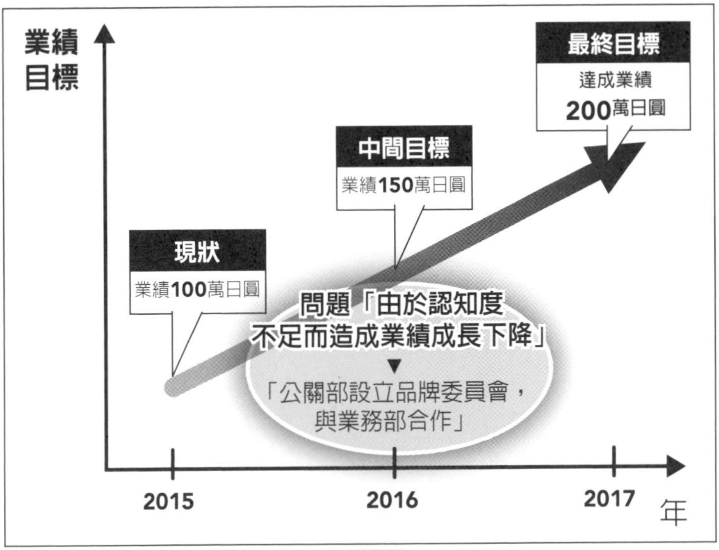

業績
目標
最終目標
達成業績
200萬日圓
中間目標
業績150萬日圓
現狀
業績100萬日圓
問題「由於認知度
不足而造成業績成長下降」
▼
「公關部設立品牌委員會，
與業務部合作」
2015
2016
2017
年

▼

如果讓客戶想像採用企劃案之後未來的情境，什麼時候會有什麼變化的畫面就變得具體，也就容易想像獲得的利益。

透過這項企劃案的實施，估計二〇一七年的業績是現在的兩倍。

Lesson 16

檢視企劃書

確認內容正確無誤

想好「概念」、「背景」、「預期效益」，並安排在基本格式中，一頁企劃書就完成了。

完成一頁企劃書後，請依據左頁列出的確認事項，再次檢查企劃書。

最重要的確認重點就是**是否有錯字．漏字、詞句的表現是否正確、邏輯是否正確、提出的事實是否正確、對方是否明白等等**。

特別是「～受到好評」、「我認爲有X％的人都想要」等等的說法，請確認是否確實載明出處。這種說法的根據何在？如果沒有載明出處，對於對方而言就是無法信賴的資料，千萬要小心這點。

另外，自己通常很難發現自己寫的文章的盲點。因此可以請主管或同事代爲檢查企劃書，確認整體資料的一貫性。

企劃書是以公司的名義向對方提案，**就算是微不足道的錯誤也可能損害公司的信譽**。光是這點就應該瞭解企劃書是多麼重要的文件。

這個是重點！

✓ 依據確認清單，確認企劃書內容是否正確。

✓ 就算是小小的失誤也會大大損傷對方對我方的信賴，千萬要注意。

完成企劃書後的確認事項

- □對方的名稱是否正確？
- □商品名稱是否正確？
- □文章是否有錯字．漏字？
- □文章是否具有邏輯性？
- □有沒有難懂的專業術語或詞句？
- □提出價格時，金額是否正確？
- □提出的事實是否正確？
- □遣詞用字是否恰當？
- □使用資料時，是否確實載明出處？
- □文字表示等是否統一？
- □視覺上是否方便閱讀？
- □整份資料是否具連貫性？

Lesson 17

做簡報的方法①

做簡報前的三項準備

角色扮演

確認重點
□請人利用手機等工具幫忙錄影，確認自己的說話速度、聲音等是否適當。
□請對方幫忙檢查結論是否恰當。
□整體的時間分配是否適當，可以一邊做簡報一邊計時。
□再度確認預設的提問事項是否沒有遺漏。
做簡報前一定要先以同事或主管為簡報對象，進行彩排練習。

完成企劃書之後，要向對方報告企劃內容。做簡報的時候，事前準備特別重要。事前準備要做到的主要有以下三件事：**確認企劃書、角色扮演（彩排練習）、場地預先確認**。

首先是確認企劃書，要確認是否有錯字等問題（九十二頁）。其次是角色扮演。這時可以把自己做簡報的樣子錄影下來，檢查重點是「說話方式」、「肢體語言」、「穿著打扮」等。

場地也要事先確認。假如需要用到電腦等設備，要請對方讓你進入簡報場地，確認場地的大小、投影布幕與座位的距離、插座的位置等等。

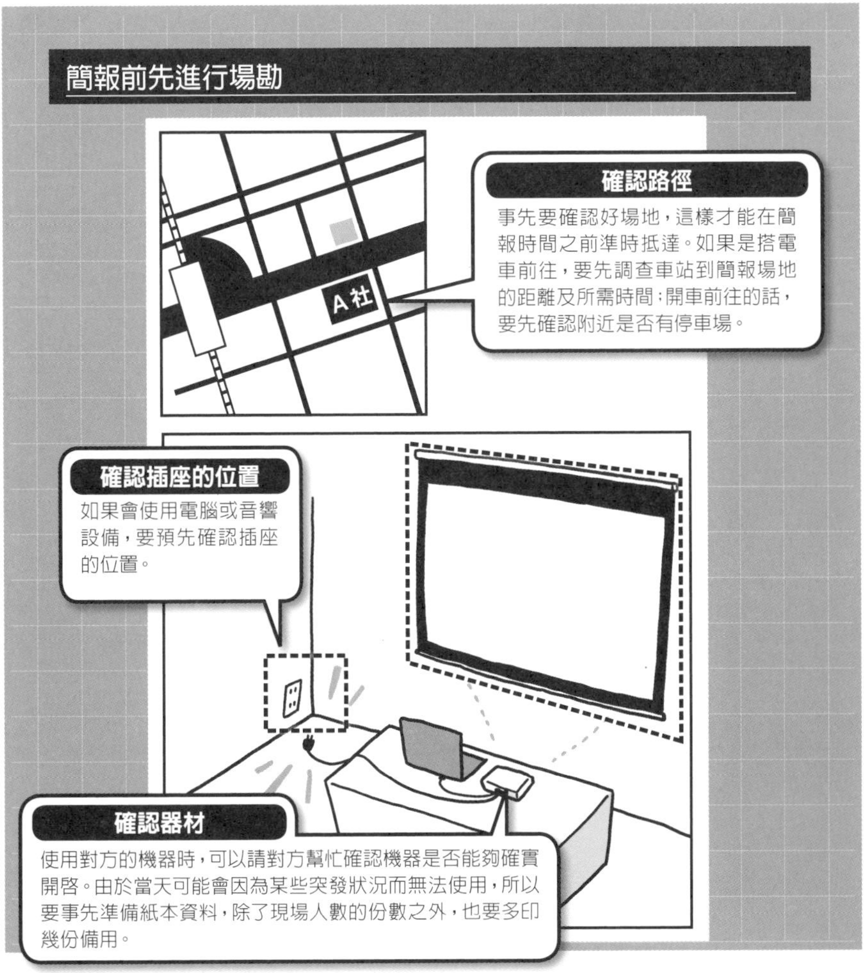
簡報前先進行場勘
確認路徑
事先要確認好場地，這樣才能在簡報時間之前準時抵達。如果是搭電車前往，要先調查車站到簡報場地的距離及所需時間；開車前往的話，要先確認附近是否有停車場。
A社
確認插座的位置
如果會使用電腦或音響設備，要預先確認插座的位置。
確認器材
使用對方的機器時，可以請對方幫忙確認機器是否能夠確實開啓。由於當天可能會因為某些突發狀況而無法使用，所以要事先準備紙本資料，除了現場人數的份數之外，也要多印幾份備用。

這個是重點！

- ✓ 確認企劃書內容是否正確。
- ✓ 練習做簡報。
- ✓ 簡報前要先勘景，確認到會場前的路徑與器材設備是否準備齊全。

Lesson 18 做簡報的方法②

做簡報時，腦子裡要意識著「形象」與「說話方式」

做簡報時，要記得對方也同時評估著「你是否值得共事」。因此，這時**要注意自己的打扮、言行舉止等**。

一見到面就讓人心生「不想共事」的感覺，這是在還沒討論企劃內容之前就產生的問題。希望你要穿著乾淨整潔的服裝，帶著滿滿的自信做簡報。

其實就算打扮合宜，如果說話沒有自信，對方也不會對你產生信任感。**「由丹田清楚發聲」**、**「以對方感覺舒服的速度說話」**、**「用心說話讓對方感受到你的誠意」**，請意識著這三點說話。

還有，說話時要確實直視對方，不要往地面看。說到重點時，將靈活運用肢體語言加以輔助，更容易傳遞訊息給對方。

另外，專業術語最好盡量用簡單的白話說明。如果縮寫也能以正確的說法加以解釋，對方不僅容易理解，也會提高對你的好感。

這個是重點！

✓ 記得外表要保持潔淨。

✓ 提醒自己，說話方式要讓對方感覺舒服。

簡報的重點

公司内部・公司外部簡報的共通點

❶ 注意穿著整潔的服裝

簡報時，不只是企劃内容，自己本身也被列為評分的項目之一。請穿著乾淨整潔的服裝前往吧。

❷ 說話方式要讓對方聽起來感覺舒服

聲音大大地影響簡報的成敗。請從丹田發聲，配合對方聽話的速度，帶著誠意說話。

❸ 運用肢體語言

說話的同時也在重要的關鍵點使用最低限度的肢體語言，將更容易有效傳遞訊息。

❹ 正視著對方說話

眼睛看著資料照稿念是不行的。要確實看著對方的眼睛說話。

❺ 不要使用專業術語

如果用太多陌生詞彙，對方會感覺不舒服。請用簡單易懂的白話詳細說明。

❻ 統一表現・用語

如果口頭的說明與資料中使用的用語不同，對方會感到混亂。請統一用語。

公司内部做簡報的重點

① 強調成本效益

由於是自家公司的預算，所以評斷標準會更嚴格。請蒐集能證明企劃内容的資料，這樣才能夠有邏輯地說明。

② 整合容易過關的外部環境

掌握決定企劃案的關鍵人物。如果事先能夠與關鍵人物討論，有時候也會獲得有效的建議。假如關鍵人物不是能夠輕鬆討論的人，那就與直屬上司討論。

Lesson 19

做簡報的方法③

做簡報不順利時如何捲土重來

做簡報時，如果對方好像對提案內容不感興趣，通常會做出以下的動作。例如，「雙手交叉胸前」、「眼睛看著其他地方」、「身體搖來晃去」等。如果看到這些徵兆還要照著原來的腳本進行的話，我想簡報的結果也不會太好。

這時有兩種對策可以運用——**「改變現場氣氛」**、**「放棄勉強對方接受，另找機會」**等。

我從以往的經驗中，想出一些改變現場氛圍的有效做法，茲說明如下。

首先是**「自己主動行動」**。例如在白板上寫出簡報重點，讓自己成為注視的焦點，或是發放其他資料等等，透過一些行動改變簡報的流程。

其次是**「請對方行動」**。如果一直坐在座位上聽簡報，注意力會逐漸渙散。因此，如果有商品的話，可以準備樣品，讓客戶實際接觸商品等，誘使對方活動身體。光是小小的舉動就會瞬間改變簡報現場的氣氛。

如果上述的方法還是不奏效，**就毅然決然換人做簡報吧**。光是改由主管或同事做簡報，也經常能夠改變氛圍。不過這時就必須事先與主管或同事商量好才行。

這個是重點！

✓ 當對方對簡報內容好像不太感興趣時，請先試著改變現場氣氛。

✓ 如果用盡各種手段都無效的話，就以再找機會做簡報的形式暫時結束這次的簡報。

改變現場氣氛的技巧

簡報中，如果對方做出以下的動作，表示對於提案內容不感興趣。

雙手交叉胸前　**眼睛看著其他地方**　**身體搖來晃去**

▼

必須改變現場氣氛，把對方的心思拉回到提案內容上。

▽

改變現場氣氛的技巧

自己主動行動

在白板上寫重點或是發放其他資料等，利用自己的行動聚集目光。

請對方行動

讓對方實際接觸商品樣本，或是看示意的相片以改變對方的注意焦點等，誘使對方做出行動是有效的做法。

運用影片

歸納企劃案的一分鐘示意短片，或是穿插訪問使用者的影片等，都是有效的做法。把「聽」改變為「看」，轉移對方的心情。

換人做簡報

當數人前往簡報現場，如果感覺自己無法改變現場氣氛的話，請主管等其他人換手上場，也是有效的做法。

Lesson 20

做簡報的方法④

簡報後要確實追蹤

簡報順利結束後，在現場要對撥出重要時間聆聽簡報的客戶致謝。還有，對於全心全力幫助場佈的負責窗口，日後也要另外寄送感謝函。

如果簡報順利結束，這項成功的案例當屬全公司所有，可以作為以後製作企劃書的參考案例。

如果結果不如預期，為了讓以後的提案獲得更多的學習，**一定要確實檢討企劃案沒有通過的原因**。

檢討失敗的企劃案時，首先要確實找出失敗的原因。是做簡報的方法不對嗎？還是事前對於「目的」瞭解不足？或是公司的產品・服務本身對客戶不具吸引力？

釐清了失敗原因就能夠針對這原因制定對策，也能夠運用在下次的機會。

另外，就算企劃案不被採用，在知道結果的時間點也別忘記感謝對方。做生意不是一次而已，未來還有合作的機會。如果與對方保持良好的人際關係，將來一定還有機會合作。

這個是重點！

✓ 無論企劃案是否被採用，都別忘了向對方的窗口表示感謝之意。

✓ 如果企劃案沒有通過，要檢討失敗的原因，並且運用在下次的簡報上。

從失敗吸取經驗並運用在下次的簡報

簡報結束

- **成功** → 成功的企劃書另外保管，讓全公司員工都可共享，作為以後製作企劃書的參考。
- **失敗**
  - 什麼都沒做 → **沒有成長，不斷重複同樣的失敗。**
  - 分析失敗原因

原因在企劃書本身

・**最重要的部分不周全**
→要養成謹慎檢查企劃書的習慣，以後才不會犯相同錯誤。

・**缺乏邏輯**
→除了磨練自己的技巧之外，也請第三者幫忙確認企劃內容。

・**對方不感興趣**
→研究加深對方印象的技巧。

原因在簡報的方式

・**簡報做得不順利**
→事先確實練習，讓簡報進行得更順暢。

・**做簡報的外在環境不好**
→確實做好事前的檢查。

原因在溝通不足

・**沒有完全掌握對方的要求**
→增加與對方接觸的機會，事前積極蒐集相關資訊。

・**提了一個與對方預算差太遠的企劃案**
→這也是事前調查不足所致，要養成確實蒐集資訊的習慣。

原因在商品・服務

・**其他公司的商品・服務更具吸引力**
→確實把自家公司的商品・服務與其他公司做出差別，讓自家公司的商品・服務看起來更具有吸引力。

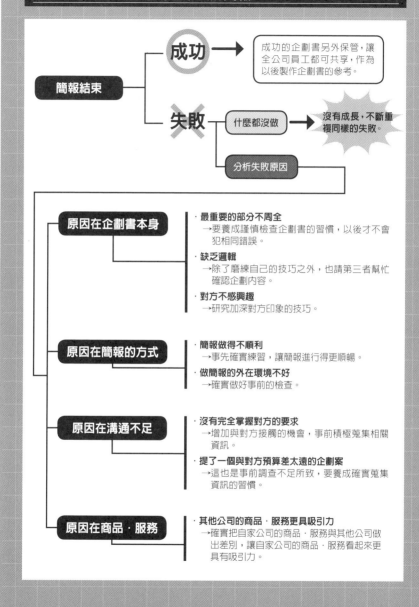

第4章

「過關」企劃書不可或缺的九大重點

製作「過關」企劃書時，不僅是內容，連版面的安排、文字的字體、標記的統一等細節部分都要非常講究。本章將說明「過關」企劃書必須具備的九大重點。請確實掌握，提高企劃書的品質吧。

在第 4 章能夠解答的疑問

製作一頁企劃書時，各項目要如何配置才好？

要配合對方的閱讀視線配置。（P104）

製作方便閱讀的企劃書有什麼訣竅？

要有意識地留白。（P106）

製作企劃書時，要使用哪種字體？

基本上請使用黑體與明體。（P108）

文字的大小要如何運用？

請決定大・中・小等三種尺寸。（P110）

寫企劃內容時有沒有必須注意的重點？

要統一標記。（P112）

如何寫出簡單明瞭的文章？

重點是使用條列方式書寫，省去冗長的詞彙。（P114 ～ 117）

要怎麼做才能讓對方容易瞭解內容？

請有效運用相片、插圖或是地圖。（P118）

製作企劃書時可以使用幾種顏色？

請使用黑・藍・紅等三種基本顏色。（P120）

Lesson 01

版面配置的基本概念

配合對方的閱讀視線排列各個項目

A4．一頁企劃書的版面配置大致可以分爲兩類，也就是「橫向書寫」（A4橫式）與「直向書寫」（A4直式）等兩種。

如果歸納這些文件裡的企劃內容，可以發現各項目其實都是根據某種規則編排，那就是「**配合對方的閱讀視線排列各個項目**」。

若是橫向書寫的文件，一般人的視線通常是從左上往右下移動。

因此，如左圖所顯示的那樣，一頁企劃書要從左上方開始，依序配置標題、日期與提案者的姓名、概念、背景、預期效益等。

籠統來說，只要記得視線的移動就像是字母「Z」的筆順一樣，照著這樣的移動順序編排內容即可。

這個規則也能夠運用在圖表上。以圖表顯示時間經過或是工作步驟時，「從上到下」、「由左到右」地安排時間序列或行程順序，就可以一目瞭然。

若想更明確地呈現流程，可以加上數字編號、箭號等，藉以引導讀者的視線。

這個是重點！

✓ 要意識著讀者的視線移動，進行編排。

✓ 視線的移動是「Z」字母的筆順。

意識著視線的移動編排內容

■編排時基本上要依照「Z法則」

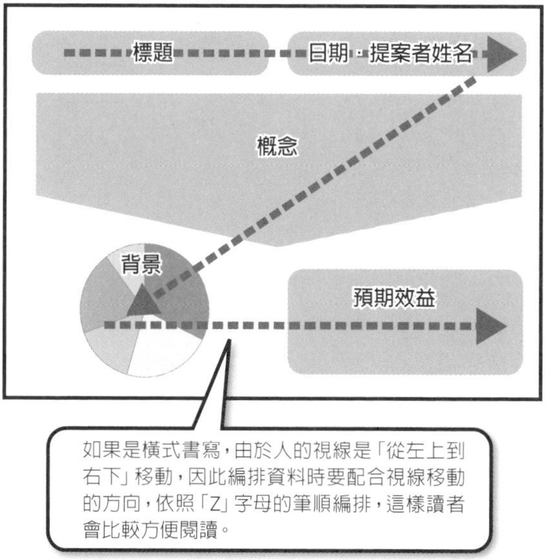

標題
日期・提案者姓名
概念
背景
預期效益
如果是橫式書寫，由於人的視線是「從左上到右下」移動，因此編排資料時要配合視線移動的方向，依照「Z」字母的筆順編排，這樣讀者會比較方便閱讀。

■如果是以圖形表示順序或時間經過，就要「從上到下」或「由左到右」編排

—從上到下—
步驟1　調查
步驟2　討論規格
步驟3　決定規格
—由左到右—
4月
記者發表會
5月
宣傳活動開始
6月
電視廣告播放

Lesson 02

留白

利用留白方便閱讀

製作一頁企劃書時，如果塞入太多內容就會變得不易閱讀。資訊過多會讓人一時之間搞不清哪個部分寫些什麼，難以掌握企劃內容。爲了防止這種情況發生，可以善加運用留白的技巧。留白的方法有兩種。第一，**紙張的上下左右都留有一定的空白**；第二，**行與行之間留出適當的空白**。

使用Ｗｏｒｄ等軟體時，可以透過版面配置調整上下左右的留白。由於寬度、高度等都能夠以mm爲單位調整留白，所以製作企劃書時，要有意識地先在上下左右各留出一公分的留白。

行距通常設定字體大小的五十％～七十％，這樣比較利於閱讀。

如果有特別強調的內容，在該段文章的上下各空一～二行，這樣強調的效果更好。另外，如果框線內有文字，上下左右也要留白，框線內不要塞滿文字。

只是，有時候因爲企劃內容的關係，無論如何都會變成「滿滿一張」的情況。這時還是以內容爲優先考量，不過項目之間多少還是要設法留白，方便對方閱讀。

這個是重點！

✓ 如果上下左右、行間都有留白的話，就是一份好讀的企劃書。

✓ 如果無論如何內容都無法刪減資訊，還是以內容為優先考量。

如果有留白，閱讀資料比較方便

提高目標客群對於自行車生活的興趣

★背景
- 關心環保議題，不使用石化燃料的交通工具受到關注。
- 特別被重新考慮的是「自行車」，自行車通勤風潮開始興起。
- 另外，上班族、主婦、銀髮族等族群高度關心「健康」話題。
- 這些人開始興起慢跑風潮，而且也養成固定習慣，而不是一時流行。
- 甚至關於慢跑或是服裝等時尚產品也形成龐大的周邊商品市場。
- 外堀區被指定為「自行車特區」，對於自行車通勤愛好者而言也是一大福音。公家單位對於自行車通勤者的支援極可能發展為更大的流行趨勢。

★背景
- 整體概念是訴求「個人風格的自行車生活」。
- 更進一步來說，支持此整體概念的四個關鍵字如下。
  - 自然
  - 健康
  - 環境
  - 時尚

★預期效益
- 敝公司
  - 提高新設施來客率以及品牌知名度。
- 地區
  - 對居民健康與環境帶來正面影響。
- 行政
  - 對於城鎮的形象建立有貢獻。

★問題
- 與服飾負責人的合作
  - 必須透過緊密的合作建立專區。
- 名牌自行車的採購談判
  - 尚不清楚合約談判是否順利。

如果整個頁面塞滿訊息，無法在短時間之內表達自己想強調的重點。

在項目之間等有意義的部分留白。

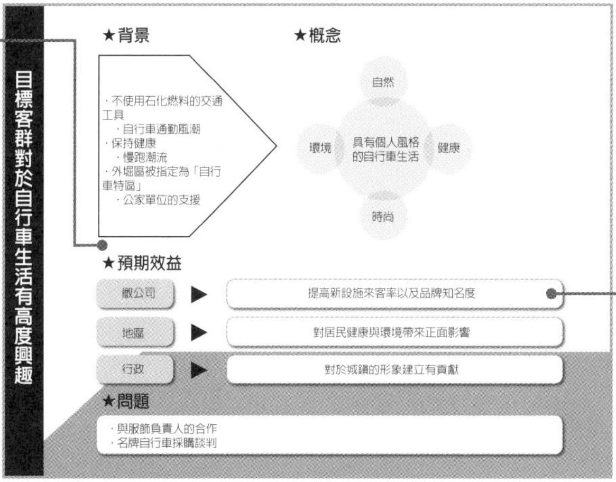
目標客群對於自行車生活有高度興趣
★背景
★概念
·不使用石化燃料的交通工具
·自行車通勤風潮
·保持健康
·慢跑潮流
·外堀區被指定為「自行車特區」
·公家單位的支援
自然
環境
具有個人風格的自行車生活
健康
時尚
★預期效益
敝公司
提高新設施來客率以及品牌知名度
地區
對居民健康與環境帶來正面影響
行政
對於城鎮的形象建立有貢獻
★問題
·與服飾負責人的合作
·名牌自行車採購談判

方框內文字的上下左右也要留白，這樣更容易閱讀。

透過整理資訊與設計留白，更容易傳遞重點。

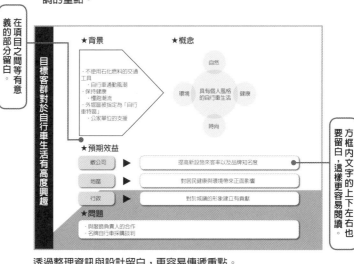

Lesson 03

選擇字體

基本字體是黑體與明體

Word或PowerPoint等製作文件的軟體都有各式各樣的字體可用。只是，如果一份文件中使用了各種不同的字體，反而會讓文件內容看起來混亂而難以閱讀，所以**基本上使用黑體與明體**兩種字體就好了。

一般來說，線條粗壯有力的黑體辨識度高，所以標題等想突顯的部分使用黑體；明體的線條較細，就算縮小文字也不會糊在一起，適用於本文。

只是，如果是透過投影片說明企劃書，明體就會因爲線條太細而難以辨識。因此，製作投影片時，最好都使用黑體。

雖說如此，黑體．明體底下又分成各種字體，眞是令人頭大。使用Windows軟體的人若是選擇黑體，選擇「微軟正黑體（黑體的字體之一）」基本上就不會出錯。微軟正黑體無論是印在紙上或是投影在布幕上都很好辨識。如果選擇明體，則建議選用「新細明體」，整篇文章看起來就會感覺簡潔一致。

這個是重點！

- ✓ 製作企劃書要選擇黑體與明體。
- ✓ 黑體選用「微軟正黑體」，明體選用「新細明體」。

「黑體」與「明體」是基本字體

黑體

字體線條粗細一致，是為了標題等強調用而產生的字體。

明體

字體的縱線較粗，橫線較細。就算是縮小的字也不會擠成一團而看不清楚，主要用在本文。

如果混雜使用各種字體會不易閱讀，企劃書要使用這兩種基本字體。

大標題或小標題使用黑體。

電子書閱讀器租借站企劃案

1. 概念

・在東京都中心區的主要車站設置電子書閱讀器租借站。

2. 背景

・雖然有許多消費者想使用電子書閱讀器，不過卻沒有機會使用。

3. 預期效益

・由於經營成本可以靠廣告收入彌補，所以不會有額外花費。

・希望實際使用過終端機的消費者會掏錢購買。

本文使用明體。

統一企劃書的文字大小

除了字體之外，文字的大小也是影響文件易讀性的重要因素。如果文字大小不一，看起來編排混亂的企劃書就非常不好閱讀。基本上，企劃書的文字只要分爲大．中．小等三種大小即可。

如果是印成紙本企劃書，一般的規則如下。

・標題＝28～36pt
・項目標題＝16～24pt
・本文＝10～12pt

文字就算小了點也沒關係，但是避免使用8pt以下的大小。

另一方面，若是利用投影機提案，使用16pt以下的文字會變得難以辨識，一般的規則如下。

・標題＝36～44pt
・項目標題＝28～32pt
・本文＝18～24pt

製作投影片時，文字盡量選擇18pt以上。

另外，除了前述的基本規則之外，**本文中只有想強調的部分特別以較大文字表現**，這麼一來不僅容易捉住目光焦點，也容易達到效果。不過，如果這裡也有大字、那裡也有大字，到處都是重要資訊，反而會造成反效果，這種做法一定要避免。

這個是重點！

✓ 先決定好文字字體與大小的規則。

✓ 一頁企劃書的本文字體大小選擇10～12pt。

靈活運用文字大小

■印在紙上發放的企劃書

紀念網站企劃案

■前言

針對貴公司明年成立十五周年的紀念活動「建立十五周年紀念網站」，擬定此項企劃案。這不是一個單純的紀念活動，而是提高貴公司品牌知名度、有效發揮實力吸收人材、開拓新客戶的活動。

標題
・黑體
・粗體字
・28～36pt

項目標題
・黑體
・粗體字
・16～24pt

本文
・明體
・標準字
・10～12pt

如果是列印在紙上，要選擇10pt 以上的文字大小。

■在投影機上播放

事業概要

■品牌・溝通戰略草案

我們是一個創意團隊，專門為客戶擬定品牌・溝通策略。我們能夠幫助客戶設計一套完善的「保護環境」戰略。

標題
・黑體
・粗體字
・36～44pt

項目標題
・黑體
・粗體字
・28～32pt

本文
・黑體
・標準字
・18～24pt

播放在投影布幕上時，字體太小會看不清楚，所以字體大小要選擇18pt 以上。另外，明體的線條較細不容易辨識，所以本文統一使用黑體。

Lesson 05

文字表示的規則

設定統一的文字表示規則，避免混亂

製作企劃書時，沒想到許多人都會忽略全形字與半形字的分別。

漢字、平假名、標點符號使用全形，這應該沒有問題吧。

那麼片假名（泛指日語中的外來語）、數字以及英文字母該如何處理呢？基本上「片假名使用全形，數字、英文字母使用半形」。公司名稱或產品名稱就算是以片假名表示，也通常不使用半形，電話號碼或電子郵件地址則使用半形文字表示。

另外，時間的表示（下午2點或14點）以及金額的表示（100萬日圓或百萬日圓）等，只要決定好固定規則，不要混著用就好。

還有像是「電腦」與「計算機」、「軟體」與「軟件」等不同地區的用語也很容易混用，必須注意這點。

容易搞錯的表示法，建議事先記錄在紙上。一邊看著紙上的表示列表，一邊寫企劃書，這樣就可以預防混亂的情況發生。

除了統一表示之外，就像是「行動裝置」這種**難以理解的詞彙**，**也要以括號補充說明**。若想製作一份「過關」的企劃書，連這種小細節都必須注意到才行。

這個是重點！

- ✓ 統一企劃書內的表示規則。
- ✓ 艱深的詞彙要以括號補充說明。

靈活運用全形與半形

使用全形

· 漢字
· 平假名
· 片假名

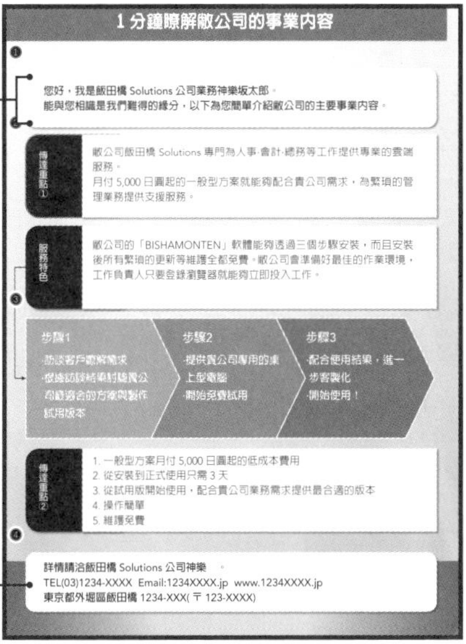
1 分鐘瞭解敝公司的事業內容
您好，我是飯田橋 Solutions 公司業務神樂坂太郎。
能與您相識是我們難得的緣分，以下為您簡單介紹敝公司的主要事業內容。
傳達重點①
敝公司飯田橋 Solutions 專門為人事·會計·總務等工作提供專業的雲端服務。
月付 5,000 日圓起的一般型方案就能夠配合貴公司需求，為繁瑣的管理業務提供支援服務。
服務特色
敝公司的「BISHAMONTEN」軟體能夠透過三個步驟安裝，而且安裝後所有繁瑣的更新等維護全都免費。敝公司會準備好最佳的作業環境，工作負責人只要登錄瀏覽器就能夠立即投入工作。
步驟1
·訪談客戶瞭解需求
·根據訪談結果討論貴公司最適合的方案與製作試用版本
步驟2
·提供貴公司專用的桌上型電腦
·開始免費試用
步驟3
·配合使用結果，進一步客製化
·開始使用！
傳達重點②
1. 一般型方案月付 5,000 日圓起的低成本費用
2. 從安裝到正式使用只需 3 天
3. 從試用版開始使用，配合貴公司業務需求提供最合適的版本
4. 操作簡單
5. 維護免費
詳情請洽飯田橋 Solutions 公司神樂
TEL(03)1234-XXXX Email:1234XXXX.jp www.1234XXXX.jp
東京都外堀區飯田橋 1234-XXX(〒 123-XXXX)

使用半形

· 字母　· 數字

▼

企劃書附上連結資料給對方時，如果 URL 或電子郵件地址使用半形，就能夠直接連結到該網站或郵件位址。

Lesson 06

條列方式的基本原則

以條列方式簡潔歸納文章

在忙碌的職場上，如何讓客戶在短時間之內理解提案內容，這是企劃案能否成功的關鍵。在這當中，若想要簡潔呈現想傳達的內容，條列方式是很好的做法。

不過，條列式不是只有簡潔歸納文章的作用，也可以**分類・整理所有事項**。

條列文章內容的順序如下。

①寫出必要的事項；②相同內容的事項組成一個項目；③如果事項具有時間順序或進行順序的話，就要依序排列。

爲了更方便閱讀，請注意以下三項重點。

①如果項目具有時間順序或優先順序，要在行頭標上數字。若沒有特別的順序關係，則標上「・」或●」等記號。

②「大標題→中標題→小標題」等依層次下降時，行頭要分別內縮兩個文字的距離。

③一個標題下面列三個項目以下最好，最多不要超過七個項目。

爲什麼不要超過七個項目呢？據說那是人類容易理解的分類項目的最大極限。

這個是重點！

✓ 分類・整理文章內容真正必要的事項。

✓ 以條列方式書寫，簡潔傳達內容。

把長篇文章整理成條列項目

案例

貴公司進行的中華家常菜店鋪消費者意見調查結果顯示，主要客層是四十～五十多歲的主婦，占所有消費者的九成。另外，雙薪家庭為主要經濟體。目前業績成長的理由推測可能有三項，第一是公司推出來的菜色與主婦所想的主要菜色一致；第二是「剛煮好」、「剛做好」的做法受到好評；第三個理由是良好的包裝設計，回家後只要用微波爐加熱就能夠輕鬆吃到「剛煮好」的料理。

▼

以條列方式書寫

■貴公司中華家常菜店鋪消費者意見調查
- ·主要客層是四十～五十多歲的主婦
- ·雙薪家庭為主要經濟體
- ·與主婦想要的主要菜色一致
- ·「剛煮好」、「剛做好」的做法受到好評
- ·良好的包裝設計，只要以微波爐加熱就能夠吃到「剛煮好」的料理

▼

整理各個項目

縮排

大標題、中標題、小標題等依層次下降時，行頭分別內縮兩個文字的距離。

■貴公司中華家常菜店鋪消費者意見調查

●主要客層
- ·40～50 多歲的主婦
- ·雙薪家庭

●受好評的主因
- ·與主婦所想的主要菜色一致
- ·「剛煮好」、「剛做好」的做法受到好評
- ·良好的包裝設計，只要以微波爐加熱就能夠吃到「剛煮好」的料理

行頭標記數字・記號

如果項目有順序，行頭要加上數字以顯示順序，若無特別的順序，則加上「·」記號。

Lesson 07

摘要的基本原則

刪減冗長的詞句，讓文章變得精練

短時間之內傳達自己的想法給對方的技巧，除了條列方式之外，也希望讀者學會「摘要」技巧。

說明企劃內容時，一旦放了過多的資訊量，將會導致重要資訊遭到忽略，以至於難以傳遞自己眞正想表達的重點。

我認爲摘要最主要的重點有二，分別是「刪除無謂的詞彙」、「（在日語中）以名詞結尾」等。

所謂「刪除無謂的詞彙」指刪去冗長的修飾語或重複的詞彙。舉例來說，「這項企劃案竟然是能夠減少通訊費達到五十％的企劃案」。請想想這個句子。在這種情況下，就算沒有「竟然」這個副詞也能明白內容，「企劃案」這個詞也重複了，應該刪除。如果修改成「這項企劃案能夠刪減五十％的通訊費」，句子就變得簡潔多了。

請一邊意識著「**以一句話向對方表達自己的想法**」，一邊推敲企劃書裡的句子吧。

另外，不要所有的句子都使用過多的敬語或禮貌用語，在日語的習慣中，以名詞結尾能夠精簡句子，也會建立文章的節奏感，可以有意識地加以運用。

這個是重點！

✓ 如果刪減冗長的表現或重複的詞彙，文章會變得簡單易讀。

✓ 句子多使用名詞結尾。

摘要文章的技巧

[摘要前]

貴公司中華家常菜店鋪消費者意見調查

以下敝公司將說明貴公司進行的中華家常菜店鋪消費者意見調查結果。主要客層分布在四十～五十多歲的主婦，占所有消費者的九成，另外，雙薪家庭是主要的經濟體。

目前業績成長的理由推測可能有三項，第一是公司推出來的菜色與主婦所想要的 Main Dish 一致；第二是「剛煮好」、「剛做好」的料理方式受到好評；第三個理由是包裝設計充滿原創的創意，回家後只要用微波爐加熱，就能夠輕鬆吃到像是「剛煮好」的料理。

A 過度使用敬語。

B 中英文夾雜。

C 冗長的詞彙。

[摘要後]

貴公司中華家常菜店鋪消費者意見調查

貴公司進行的中華家常菜消費者意見調查結果顯示，主要客層集中在四十～五十多歲的主婦，雙薪家庭為主要經濟體。

目前業績成長的理由推測可能有三個，第一是公司推出來的主菜與主婦的需求一致；第二是「剛煮好」、「剛做好」的做法受到好評；第三個理由是良好的包裝設計，回家後只要用微波爐加熱，就能夠輕鬆吃到「剛煮好」的料理。

A 以名詞結尾，句子看起來有節奏感。

B 把英文置換成中文，也能夠縮減句子長度。

C 刪除就算省略也能懂的詞彙。

Lesson 08

有意識地運用視覺效果

利用相片、插圖或地圖呈現

再怎麼下功夫呈現或說明，還是有語言難以清楚表達的部分。文章適合傳達價值觀或情感，然而，在正確說明東西的形狀或是抵達目的地的路線等，文字還是有其不足之處。

像這種時候可以利用相片、插圖或是地圖等視覺性工具。**這些工具能夠直覺式地傳遞內容。另外，無論誰來看都會接收到相同訊息。**

訣竅在於根據不同用途選擇適當的視覺性工具。說明商品或建築物時，可以附加相片或插圖。另外，想表示場所位置時，只要貼上地圖示意圖，就能夠省去所有的文字敘述。

想使用示意相片或插圖時，有時候會找不到自己覺得合適的。網路上的免費素材中找不到滿意的相片或插圖時，也可以試著找找付費圖庫。付費圖庫蒐集了各式各樣的素材，應該找得到符合條件的資料。

就算找付費圖庫也沒有可用的素材時，請朋友或同事充當模特兒，以數位相機拍照，這也是權宜之計。

這個是重點！

✓ 有效使用視覺性工具。

✓ 以視覺效果呈現，能夠直覺式地傳遞企劃內容。

以詞彙難以表達的概念，可以透過視覺性工具說明

敝公司的所在位置

出了外堀車站西口往右轉。往前直走會看到十字路口，過了十字路口後往右轉。在第一個轉角左轉，繼續往前走，到了第三個十字路口往右轉，就會看到本公司的招牌。在該大樓六樓。

光是用文字說明，腦中無法整理資訊，這樣就難以理解。

讓「視覺性工具」取代語言的描述

敝公司的所在位置

以視覺性工具傳達資訊，對方也能夠一目瞭然掌握資訊。

Lesson 09

使用顏色的方式

不超過三種顏色

近年來，製作彩色企劃書越來越普遍。如果有效運用色彩的話，可以突顯企劃書裡的重要部分，也能夠讓對方直覺地瞭解重要內容。

不過，顏色的使用非常不容易。想強調的項目太多而使用過多的顏色，反而會造成重要的部分失焦。

使用顏色時，請以黑、藍、紅等三種顏色爲基本色就好。例如文字用黑色，投影片的背景或圖表使用藍色，想強調的重點使用紅色。

顏色種類鎖定在黑、藍、紅等三色，再以濃淡區分，這樣顏色就有多種變化。透過這樣的做法，就算不使用多種顏色，也能夠製作一份有效傳遞訊息的企劃書。

另外，有的企業會制訂獨自的企業標準色（象徵企業的顏色）。這種時候**也可以用對方的企業標準色爲基本色來製作企劃書**。正因爲是平常習慣的顏色，對方也就容易接受企劃書。

這個是重點！

- ✓ 使用「黑・藍・紅」等三種基本顏色。
- ✓ 如果有企業標準色，要積極使用該顏色。

原則上以三種基本顏色製作文件資料

■基本顏色「黑」「藍」「紅」

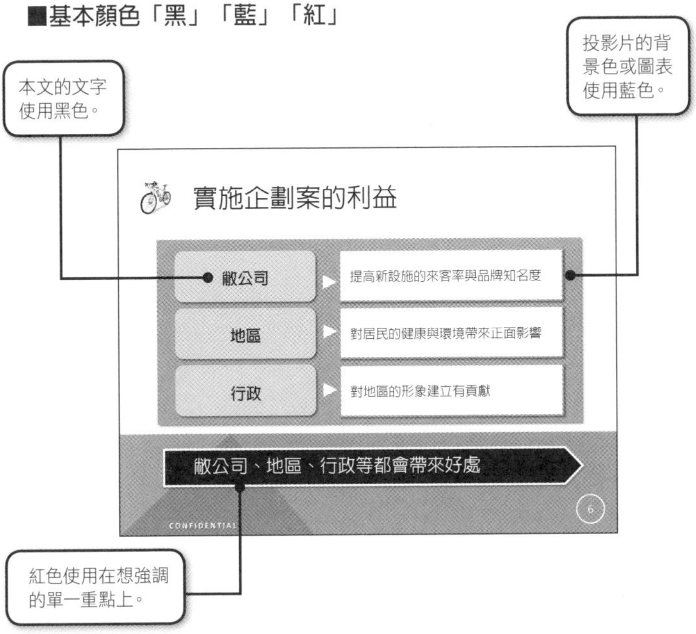

本文的文字使用黑色。
投影片的背景色或圖表使用藍色。
實施企劃案的利益
敝公司
提高新設施的來客率與品牌知名度
地區
對居民的健康與環境帶來正面影響
行政
對地區的形象建立有貢獻
敝公司、地區、行政等都會帶來好處
CONFIDENTIAL
6
紅色使用在想強調的單一重點上。

■主要的企業標準色

企業名稱	企業標準色
JR 北海道	黃綠色
JR 東日本	綠色
JR 東海	橘色
JR 西日本	藍色
JR 四國	水藍色
JR 九州	鮮紅色

企業名稱	企業標準色
日本郵便株式會社	郵局紅
日本航空	紅色
全日空	海神藍
NTT DOKOMO	DOKOMO 紅
au Brand Garden	au 橘
Soft Bank	Soft Bank 銀

第 5 章

透過實際案例學習！不同案例的企劃書有不同寫法

以實際的企劃書為例，說明不同企劃書的各種寫法。如「自我介紹」、「向對方宣傳，爭取簡報機會」、「做出總結，促使對方決定」、「使用投影機做簡報」、「公司內部提案」等。在各種不同的商業場合中，要寫出什麼樣的企劃書？要放什麼內容才會打動對方？以下將公開藤木流的知識技巧與各位分享。

在第 5 章能夠解答的疑問

自我介紹用的企劃書該寫些什麼內容？

請簡潔說明公司經營的事業內容、自己的實際成績·資歷等。（P124 ～ 129）

利用企劃書宣傳是什麼意思？

寫出一個自己設想的提案，問出對方真正的需求，並獲得做簡報的機會。（P130 ～ 141）

要怎麼做才會獲得對方青睞？

訴求價格方面物超所值，藉此促使對方做出決定。（P142 ～ 149）

利用投影片做簡報有沒有訣竅？

一頁只放一個主題，不要塞入過多資訊。（P150 ～ 157）

在公司內部提案時的重點是什麼？

請特別著重「背景」吧。（P158 ～ 165）

Lesson 01

自我介紹

把企劃書當成溝通工具靈活運用

企劃書除了做簡報時使用之外，也能夠用來作爲溝通工具。或許你會感到有些意外，不過對於初次見面的人，除了遞交名片之外，也可以同時附上一張介紹公司或自己個人的企劃書。

像那樣的時候，可以把公司經營的事業，或是自己參與的專案等實績或擅長領域，簡潔整理在一張紙上。另外，如果寫上自己的興趣或畢業學校等無傷大雅的私人訊息，也可以爲雙方製造話題。

通常我們會給初次見面的人公司的宣傳小冊。但是對方不見得會仔細翻閱有數頁的小冊。把介紹內容歸納在一張紙上，應該更有機會抓住對方的目光焦點。

還有，企劃書裡如果只放自我介紹就太可惜了。**請運用此企劃書爲下次合作製造機會吧**。企劃書一定要寫上「本公司經營這些服務項目，希望有機會爲貴公司服務」。如此一來，從第一次見面開始，就已經爲雙方的合作鋪路了。

這個是重點！

✓ 把企劃書當成自我介紹的工具使用。

✓ 把企劃書當成溝通工具製造商機。

自我介紹的寫法

公司介紹

自家公司的營業項目是什麼？經手哪些商品？有哪些實績等，挑選出對方可能感興趣的要素，簡單地歸納整理。

△△株式會社事業介紹

1. 事業內容

■各種車用機械零件製造

■柴油引擎之研發・設計

2. 主要販賣商品

■卡車專用螺旋槳發動機

■小型柴油車專用搖臂

3. 我們的合作客戶

■ A 汽車株式會社

■ B 工業株式會社

自我介紹

姓名：○田△男

生日：1987 年 6 月 7 日

出生地：東京都

興趣：閱讀

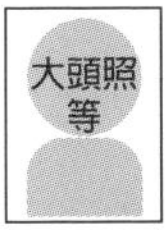

自我介紹

加入個人訊息為雙方製造話題。另外，如果放入自己在公司的實績，也可以為自己宣傳，讓對方知道「我在這方面能夠幫得上忙」。

企劃書說明

❶ 問候

進入主題之前，先簡單寫些問候語。

❷ 事業內容

簡潔說明自家公司經營的事業項目、服務項目。

❸ 合作流程

說明實際引進服務時，會以什麼樣的步驟展開服務內容。有效幫助對方掌握合作流程。

❹ 載明聯絡資訊

電話號碼、電子郵件地址或是公司的網頁連結、公司地址等，一定要載明詳細的聯絡資訊。

不同案例的企劃書 1

介紹自家公司的營運內容與服務項目

本單元要介紹的是面對初次見面的對象或初次訪問某公司時，業務員交給對方作爲溝通工具的企劃書案例。

爲了向初次見面的人（潛在客戶）介紹自家公司的事業・服務內容，製作了「問候信」風格的企劃書。爲了讓對方方便閱讀，必須把所有資訊歸納在一頁企劃書裡。一開始先簡單問候，避免一下子就進入提案模式。另外，從一開始的問候到介紹公司經營的事業，要自然地歸納整理，設法讓對方在短時間之內理解內容。

如果能夠透過這份企劃書讓對方瞭解自家公司所提供的服務，第一步就算成功了。

別再使用一整本的宣傳冊子了。簡單歸納訴求重點的企劃書，更容易帶給對方深刻的印象，也是進一步合作的支援工具。

1 分鐘瞭解敝公司的事業內容

❶

您好，我是飯田橋 Solutions 公司業務神樂坂太郎。
能與您相識是我們難得的緣分，以下為您簡單介紹敝公司的主要事業內容。

❷

傳達重點①

敝公司飯田橋 Solutions 專門為人事・會計・總務等工作提供專業的雲端服務。
月付 5,000 日圓起的一般型方案就能夠配合貴公司需求，為繁瑣的管理業務提供支援服務。

服務特色

敝公司的「BISHAMONTEN」軟體能夠透過三個步驟安裝，而且安裝後所有繁瑣的更新等維護全都免費。敝公司會準備好最佳的作業環境，工作負責人只要登錄瀏覽器就能夠立即投入工作。

❸

步驟1

・訪談客戶瞭解需求
・根據訪談結果討論貴公司最適合的方案與製作試用版本

步驟2

・提供貴公司專用的桌上型電腦
・開始免費試用

步驟3

・配合使用結果，進一步客製化
・開始使用！

傳達重點②

1. 一般型方案月付 5,000 日圓起的低成本費用
2. 從安裝到正式使用只需 3 天
3. 從試用版開始使用，配合貴公司業務需求提供最合適的版本
4. 操作簡單
5. 維護免費

❹

詳情請洽飯田橋 Solutions 公司神樂坂。
TEL(03)1234-XXXX Email:1234XXXX.jp www.1234XXXX.jp
東京都外堀區飯田橋 1234-XXX(〒 123-XXXX)

不同案例的企劃書 2

公司說明與自我簡介

本單元的案例除了介紹自家公司的事業內容，也放入業務員的個人資訊。

前提設定軟體系統公司的業務員首次拜訪客戶時使用這份企劃書。

拜訪對方公司時，理當遞交自家公司的宣傳冊子，不過也希望業務員同時給對方一份自我介紹的企劃書。這樣對方不僅瞭解公司的事業內容，也瞭解業務員的特性，將有助於建立往後的合作關係。

在案例中，企劃書的上半部分簡潔歸納公司的相關資訊，下半部分則留有自我介紹的空間。

在自我介紹部分可以寫自己的經歷、興趣、工作上達成的實績等無傷大雅的訊息。這些資訊會成為雙方交談的話題，有助於建立雙方的關係。

企劃書說明

① 事業內容

簡潔說明公司的沿革或事業內容。若使用條列方式書寫更容易閱讀，對方也能夠一眼掌握內容。

② 自己的實績

描述自己曾經參與過的事業概要。向對方顯示自己在業務上是值得信賴的人。

③ 私人話題

寫一些無傷大雅的私人訊息，找出與對方的共同話題。不過最好避免舉出具體的棒球或足球隊名，因為時常會發生對方剛好不喜歡這個球隊的情況。

④ 聯絡資訊

寫出詳細的聯絡資訊。

自我介紹

姓　　名：神樂坂太郎
公司名稱：飯田橋 Solutions 公司
所屬部門：Solutions 業務二課
職　　位：主任

since1991

公司

❶ 公司概要

- 1991 年成立 2003 年上市
- 資本額 1 億日圓 員工人數 100 人 營業額 100 億日圓
- 日本雲端協會理事

理念

- 透過雲端服務為中小企業的發展做出貢獻

主要的服務內容概要

- 雲端「BISHAMONTEN」軟體的開發・安裝・運用支援
- 套裝軟體「總務的昆沙門天系列」發售

關於我

神樂坂太郎簡歷

- 出生地東京都外堀區
- 老家是和果子老店
- 外堀大學社會學系
- 專修群衆心理學
- 2008年進入飯田橋 Solutions 公司就職

❷ 實績

- 2009年加入外堀區大型機構採用專案
- 2010年達成與外堀區會計師協會的合作
- 2011年外堀區法人協會指定服務
- 至今已經為500家公司提供雲端服務

❸ 興趣

- 樂團活動，擔任貝斯手
- 喜歡的電影是《貓的星球》、《2020年太空旅行》、《來自行星的鼴鼠》
- 最愛的書《罪與罰》、《尼加拉瓜的商人》
- 喜歡的作家是芥川隆太郎

若貴公司有業務上的需要，歡迎與我聯絡。

❹
TEL: (03)1234-XXXX
Email:1234XXXX.jp
www.1234XXXX.jp
東京都外堀區飯田橋 1234-XXX(〒 123-XXX)

Lesson 02

宣傳①

掌握對方的需求，獲得簡報的機會

在商場上，比起對方要求提出企劃方案，自己必須主動提案的情況占大多數。

雖說如此，在還不太瞭解客戶資訊的階段中，當然無法完全掌握對方的需求。因此，爲了獲得做簡報的機會，可以先製作「宣傳企劃書」，藉以探詢對方的反應。

宣傳企劃書所需的元素包含以下三項：①**自家公司的商品・服務之優點**；②**提案該商品或服務的理由**；③**對方因此獲得的利益**等。

由於這是根據我方推測所製作的企劃案，就算沒有完全打中對方的需求，在這個階段也不用太在意。宣傳階段的主要目的並非「通過企劃案」，而是「**獲得做簡報的機會**」。

以宣傳企劃案作爲提案草案，問出對方的資訊。如果對方有什麼想解決的問題，而剛好自家公司有適合的商品・服務的話，就要詢問對方是否有機會另外提出具體的企劃案。若以這樣的方式獲得對方好感，並且有機會正式做簡報的話，那就打出了一記好球。請先試著積極宣傳自己吧。

這個是重點！

✓ 不知道對方的要求時，使用宣傳企劃書。

✓ 使用宣傳企劃書，詢問對方的需求以獲取做簡報的機會。

宣傳企劃書的寫法

若還不太清楚對方的需求。

對方不清楚自家公司的商品或服務。

想獲得做簡報的機會。

▼

透過宣傳企劃書讓對方知道自家公司，掌握對方的需求，創造做簡報的機會。

［宣傳企劃書的範例］

新型平板電腦採購提案

△△株式會社
○田△男

自家公司的優點
列出提案的商品或服務內容，最多不超過三項。

這次研發的新型平板電腦與舊型平板電腦相比，價格已經降了30%。

▼

提案此商品的理由
對於對方感到困擾的問題，說明自家公司的商品・服務是最佳選擇。

聽說貴單位正在討論採購教學用的平板電腦。請務必考慮我們公司的商品。

刪減成本
能夠控制初期成本。

限制網路使用
由於能夠透過主機限制上網，所以學生家長也能安心。

利益
陳述為何這項商品・服務能解決客戶的問題。

不同案例的企劃書 3

介紹自家公司與提出解決問題的預定方案

與對方建立溝通管道之後，接著要進行公司的宣傳。因此一開始要使用宣傳企劃書，探詢對方的需求。

這比作爲溝通工具的企劃書又更進一步。不過，在這個階段還不知道有沒有機會做簡報，所以要盡量加入大範圍的資訊，盡量引起對方的注意。

另外，針對對方感到困擾的問題，製作一份提供解決方案的企劃書，也是引起對方注意的好點子。在案例中，從與對方的談話中找出問題，然後提出可以幫對方解決問題的「預定方案」。或許這個預定方案沒有命中目標，不過宣傳企劃書的目的就是找出對方的需求。要繼續找出對方面臨的「眞正問題」，創造下一次做簡報的機會。

企劃書說明

❶ 標題

想一個看一眼就明白企劃案內容的標題。

❷ 假設問題

從與對方的談話或新聞記事所獲得的資訊，推測對方目前面臨的「假設問題」。

❸ 預定方案

對於「假設問題」，提出一個「預定方案」。找出對方的真正需求。把預定方案放在資料中顯眼的位置，讓對方清楚看到。

❹ 自家公司的服務概要

說明若想要解決此「假設問題」，自家公司的服務是最佳選擇。

❺ 預期效益

說明對方採用這項企劃案會得到什麼利益。

❶ 引進新型智慧型手機解決問題企劃案

2015 年 4 月
飯田橋智慧型手機銷售
業務　神樂坂太郎

❷

問題

聽說貴公司的業務員為了隨身攜帶電腦所衍伸的問題感到困擾。

①因遺失電腦而洩漏機密的問題；

②使用電腦時開機時間太久的問題；

③業務員不方便隨身攜帶電腦的問題。

❸

引進新型智慧型手機取代電腦以解決問題

❹

概要

新型智慧型手機「昆沙門天 3」結合雲端系統「BISHAMON PLUS」，能夠為貴公司大幅提升工作效率。
「BISHAMON PLUS」將電子郵件、日程表、佈告欄、公司社群、業務日誌系統、消費者管理資料庫等都納入專屬的雲端系統中。

❺

安全

·資料都存放在雲端上，不會保留在終端機上。
·就算遺失終端機也感覺安心·安全。

使用方便性

·比起電腦，開機時間更短，不會錯失商機。
·攜帶方便又輕鬆。

簡單的估價系統

·光是計算使用人數就可以馬上計算費用！

不同案例的企劃書 4

尋找合作的契機

本單元要介紹廣告代理商的業務員，利用宣傳企劃書介紹自家公司的媒體以及合作機會。

對於廣告代理商的業務員而言，他必須對客戶說明自家公司媒體的特色。爲了讓對方刊登廣告，業務員也必須向對方解釋，把廣告登載在自家公司媒體上是非常値得的。

在本案的企劃書中，需掌握要點，簡潔描述自家公司媒體的特色。另外，如果對方的目標客群與自家公司的目標客群不一致，這樣就會收不到預期的廣告效果，所以也要清楚說明自家公司的目標客群。

甚至，爲了窺探對方的反應，也同時寫上大致的日程表與具體預算。

就像這樣，試著向對方提出自家公司的事業概要與服務內容，問出對方內心眞正的想法。

企劃書說明

❶ 標題

寫出明確的標題，一看就知道企劃書的內容。

❷ 預定方案

說明自家公司的服務能夠滿足對方的需求。

❸ 服務概要

詳列自家公司的服務概要。若用條列方式說明更容易瞭解。

❹ 日程表

如果清楚寫明日程表則容易獲得提案的機會。

❺ 預算

簡單寫出預算金額，可以窺探對方的反應。

❻ 有用的資訊

若加入引起對方興趣的訊息效果更好。放入大量的資訊以爭取做簡報的機會。

① 地區性媒體「毘沙門天導覽」介紹

聯絡資訊
毘沙門天新聞社 廣告業務部
主任 神樂坂太郎
電話 (0488)88-XXXX

問候語

②
聽說貴公司目前正討論做地區性廣告。
敝公司的「毘沙門天導覽」涵蓋了外堀區約 95% 的人口，也涵蓋了 85% 的通勤族、通學族，可以說是這區域最強的媒體。
記事新聞等貴公司的廣告媒體選擇，請務必考慮「毘沙門天導覽」。

媒體概要

③
●發行日 每月 15 日
●發行份數 5 萬份
●分發區域
- 外堀區各戶廣告傳單發送
- 外堀區 50個人氣景點設置廣告架
- 外堀理科大學學生合作社等設置廣告架
- 每月發行日的早、晚，「毘沙門天 Girl」會在外堀區主要車站前發送「毘沙門天導覽」。

讀者客群

主要客群　外堀區居民的主婦

客群　外堀理科大學學生

客群　外堀區粉領族

④
11 月底截稿，
廣告刊登申請中！

「毘沙門天導覽」
年終特刊！（12 月 15 日發售）
預定發行份數為平常的 2 倍

⑤
●封面 2/3/4　100萬日圓（製作費另計）
● 4C1P　120萬日圓（製作費另計）
● 4C1/2P　60萬日圓（製作費另計）
● 4C1/4P　35萬日圓（製作費另計）

⑥
在年終特刊中刊登廣告的客戶，次月的 2 月號廣告費
將獲得 30% 的折扣！

企劃書說明

❶ 公司介紹

利用視覺性工具介紹自家公司的多元化經營，對方就能一目瞭然。

❷ 公司概要

透過完整的公司概要，讓對方對自家公司產生信賴感。

❸ 事業內容

目的是爭取做簡報的機會，所以要寫出自家公司的事業內容，引發對方的興趣。

❹ 聯絡資訊

詳列聯絡資訊，方便對方聯絡。

不同案例的企劃書 5

詳細說明事業內容，爭取做簡報的機會

這是批發公司的業務員拜訪客戶時使用的宣傳企劃書案例。

從右上方開始簡單描述「公司介紹」、「公司概要」、「事業內容」、「聯絡資訊」等四大塊。

這份企劃書的目的是創造做簡報的機會，所以特別把重點放在「事業內容」上。其中詳細說明自家公司的業務內容，以及近年來致力於哪些事業的發展等等。向對方強調除了「物流」之外，「銷售支援」的業務也可以幫助對方的事業運作，藉此引發對方的興趣。

詳列事業內容時，要事先找出對方公司可能面臨的問題，並針對該問題做出適當的因應對策。讓對方感覺「如果委託這家公司，我們的問題就可能有辦法解決了」。

企劃書背面也可以列印商品內容或合作客戶等資料供對方參考。

飯田橋批發事業介紹

③

物流戰略	委外經營	銷售支援
擬定致勝的物流戰略，支援引進物流系統。	負責代辦、經營貴公司的業務。	支援物流＋銷售，成為貴公司事業成長的強力後盾。

飯田橋批發株式會社自創業以來，就在全國各地的零售店，特別是藥局、藥妝店以及超市等建立綿密的通路，用心為各地區的居民穩定提供生活必需品。
近年來發展「物流＋銷售」的新事業支援系統，歡迎來電詢問。

④ 網站

- 官方網站
- www.XXXX.jp
- Facebook 以「飯田橋批發」搜尋
- Twitter 以「飯田橋批發」搜尋

電子郵件

- info@XXXX.jp

電話

- (0123)4567-XXXX
- 平日 09:00 ～ 17:00

透過物流＋銷售等支援，幫助貴公司的事業通往成功之路

① 提供物流員工　提供物流系統

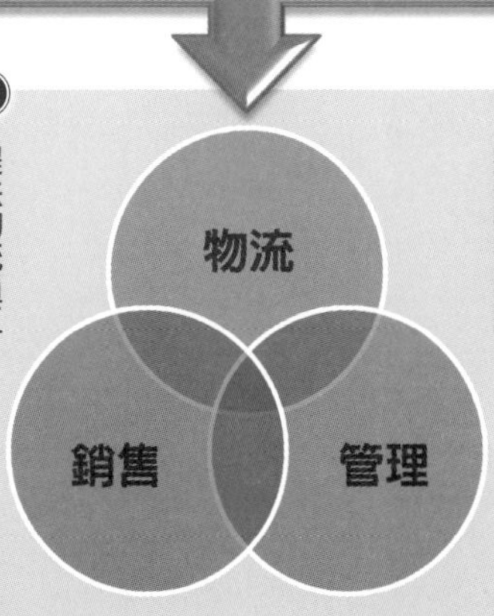

②

公司概要	公司名稱	飯田橋批發株式會社
	創業	1970 年 4 月
	成立公司	1975 年 4 月
	總店地址	外堀區神樂坂下 1234
	負責人	CEO 飯田橋次郎
	資本額	10 億日圓
	員工人數	1000 人
	主要客戶	大型物流、超市；大型藥妝連鎖店；大型百貨店 etc.
	往來銀行	牛込銀行、牛込分行
沿革	1970 年	外堀區牛込開業
	1975 年	成立公司
	1980 年	總店遷移至外堀區
	1980 年	新浦和物流中心開幕
	2000 年	與市之谷物流株式會社合併

Lesson 03

宣傳②

透過電子郵件的往來充實企劃案內容

本書一三〇頁介紹了利用「宣傳企劃書」向對方自薦的方法，不過，其實也有利用電子郵件直接取代企劃書的宣傳手法。

應該具備的基本要素與前述宣傳企劃書一樣，分別是以下三項：①自家公司的商品．服務的特色；②推薦該商品或服務的理由；③對方使用該商品或服務之後會獲得的利益。

另外，要記得寫開場白，不要一開始就進入正題。例如，「前幾天登門拜訪時，聽您提起貴公司打算更新內部的基本設備。我想敝公司的服務能夠助上一臂之力，於是寄出這封郵件」，以這樣的開場白起頭再進入正文。

現代的商業社會最重視速度了。隨時可瞬間送達的電子郵件可說是非常有效率的工具。**透過電子郵件的往來加強企劃內容，然後透過進一步的溝通獲得做簡報的機會**。

不過，對方不見得會確實閱讀電子郵件。因此，傳送電子郵件之後，要記得打電話確認，請對方「務必開信閱讀」。

這個是重點！

- ✓ 以電子郵件代替宣傳企劃書。
- ✓ 透過電子郵件的往來充實企劃內容。

利用電子郵件代替宣傳企劃書

主旨

以企劃書標題當作郵件主旨，這樣就容易瞭解企劃內容。

前言

不要一下子就進入主題。先簡單說明寄送此信件的理由。

以條列方式整理

就算寫了長篇大論，對方也不會仔細閱讀。要以條列方式整理重點。

結語

謝辭以及希望對方務必考慮此企劃案。

主旨

公司內部基本設備整合之企劃案

○○株式會社
業務部 ○○○○先生 / 小姐

一直以來承蒙照顧，我是△△株式會社的○田△男。

聽說貴公司最近正考慮重新整合公司內部的基本設備。我想敝公司的服務應該能夠助上一臂之力，因此寄上這封信。我將在信件內容說明敝公司的服務概要。

（1）服務特色
- 以安全的線路連接日本及海外辦事處與既有的網路。
- 建構完整的網路架構，連接公司外部到公司內部的網路。

（2）預期效益
- 透過線路的整合，以往每個月 20萬日圓的通訊費降到 10萬日圓。
- 加強一次性密碼與指紋認證等網路安全系統。實現安心上網的網路環境。

此外，敝公司也支援利用智慧型手機建構移動裝置的網路系統。
感謝您耐心閱讀。
若有任何問題，歡迎與我聯繫。
希望有機會與貴公司合作。

△△株式會社
業務部 ○田△男
〒 123-XXXX東京都外堀區飯田橋 1234-XXXX
TEL: 03-1235-XXXX / fax: 03-1234-XXXX
E-mail: info@XX.jp

不同案例的企劃書 6

透過郵件說明企劃案•提案

無需使用文件，電子郵件的內容就是企劃書的內容，這種型態的宣傳企劃書效果也很好。

本單元所舉的案例是廣告代理商的計畫負責人，透過電子郵件說明促銷活動的內容同時提案。我將以此案例進行說明。

在電子郵件中，一定要透過內文向對方說明企劃內容。基本上這種做法與企劃書的內容結構一樣，以條列方式依序說明概念、背景以及預期效益。

另外，不要一下子就進入主題，要先有開場白暖場。無須冗長的詞句，簡單說明讓對方一目瞭然即可。

如果電子郵件裡的文章寫得太長會不方便閱讀，此案例以分隔線區分各個項目，透過這樣的巧思讓對方方便閱讀郵件內容。

企劃書說明

① 標題

以企劃案標題設為郵件主旨，收件人看到主旨就能瞭解郵件內容。

② 收件人名稱

對方的公司名稱、姓名之外，也要寫上職稱。

③ 前言

進入正題之前，要寫寄送這封郵件的理由。這是商業書信必備的要件，開場白要簡單扼要，馬上就進入正題。

④ 企劃內容

寫上完整的企劃內容。

⑤ 依項目區別

項目之間以線條分隔，方便對方閱讀信件內容。

❶ 主旨 | 促銷活動影片投稿企劃案

❷ 外堀購物商城 統籌店長 市之谷次郎先生

一直以來承蒙照顧。
我是飯田橋企劃中心的神樂坂太郎。

❸ 針對貴公司委託冬季促銷活動企劃案，我方已經完成概要整理。上次討論的內容已經安排在企劃內容，希望透過此活動結合消費者社群網站（SNS）與真實生活，並提高來客數。由於時間急迫，僅藉此郵件說明詳細內容。

（1）企劃概念

❹
- 「外堀購物商城 冬季影片拍攝活動」。
- 請消費者以購物商城、購物商城的設施以及燈飾等為背景，拍攝家庭活動影片並投稿。只要投稿就獲贈點數贈品。
- 優秀作品將獲得商品禮券。

❺ （2）背景

- 上傳家族或燈飾影片至社群網站的消費者增加。
- 透過投稿影片提高宣傳效果。

（3）預期效益

- 透過投稿影片，有效宣傳貴公司各種設施與資訊。
- 透過投稿影片贈送點數，促使投稿的消費者來店消費。
- 藉由影片網站的點閱率增加公司網站的流量，對網路購物帶來正面影響。

（4）要件

若大綱沒有問題，敝公司再與相關人員討論預算・日程表等詳細內容。
希望有機會與貴公司合作。
以上

Lesson 04

總結

如何獲得對方同意

企劃書的最終目的就是獲得對方同意實現企劃內容。若想要達到這個目的，必須提醒對方「請購買」、「請採用」，因此在總結的階段就要「進一步瞭解對方的預算」。

在簡報中請對方做出決定時，必須具備五大項目，除了「概念」、「背景」、「預期效益」之外，還要加上「日程表」與「預算」。在這當中，**最重要的就是「預算」**。

就算你提出具吸引力的概念以及理想的收益，對方也傾向採用此企劃案，但是如果預算不符合對方的設定，企劃案就不會通過。

舉例來說，明明對方設定的預算是一千萬日圓，而你規劃的預算卻是五千萬日圓，在現實上對方根本不可能接受這項企劃。雖說如此，若要勉強配合對方預算，也會傷及自家公司的利潤。因此，在總結的階段製作企劃書時，必須下功夫編列預算。

預算要控制在對方設定的範圍內，這是不用說的，**除了基本方案之外，可以另外提出多個選項供對方選擇**。

讓對方再多挑幾個選項，以結果來說，就是促使對方能夠多撥出一些預算執行企劃案的意思。

這個是重點！

- ✓ 在總結的階段中，「預算」最重要。
- ✓ 除了基本方案之外，也準備多個選項讓對方選擇。

總結用企劃書的寫法

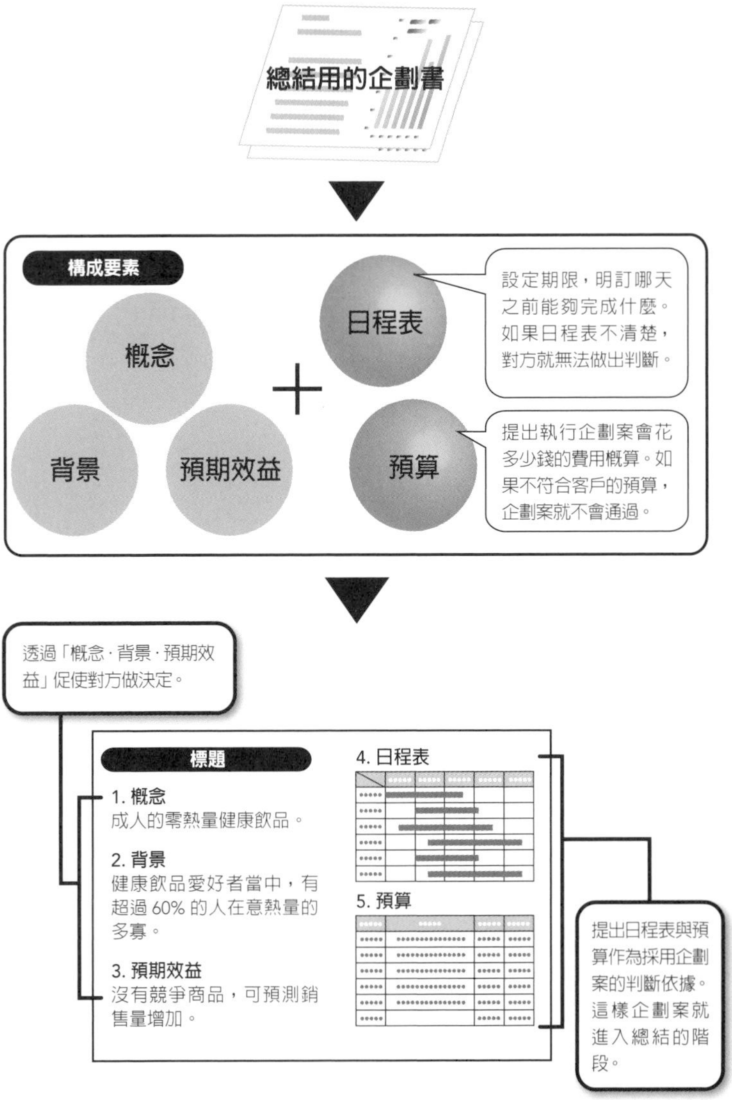
總結用的企劃書
構成要素
概念
背景
預期效益
日程表
設定期限，明訂哪天之前能夠完成什麼。如果日程表不清楚，對方就無法做出判斷。
預算
提出執行企劃案會花多少錢的費用概算。如果不符合客戶的預算，企劃案就不會通過。
透過「概念·背景·預期效益」促使對方做決定。
標題
1. 概念
成人的零熱量健康飲品。
2. 背景
健康飲品愛好者當中，有超過 60% 的人在意熱量的多寡。
3. 預期效益
沒有競爭商品，可預測銷售量增加。
4. 日程表
5. 預算
提出日程表與預算作為採用企劃案的判斷依據。這樣企劃案就進入總結的階段。

不同案例的企劃書 7

總結主打企劃案的利益與優惠

利用宣傳企劃書與對方討論完整的企劃內容之後，最後就是提出結論請對方裁決。如果走到這階段，表示已經透過宣傳企劃書大致說明了企劃內容。再來就是最後再一次強調「預期效益」，促使對方做出決定。

這時可以強調採用企劃案的好處，例如採用前與採用後成本的變化情況，讓對方看到前、後的成本差異。想特別強調的重點要放大文字加強訴求。

這裡舉出的案例是業務員對客戶提出引進智慧型手機的企劃案，最後提出總結企劃書。

在這個案例中，除了提出一般的預算之外，還補上優惠的合約方案「最開始的六個月試用期免費，其後依照每個階段依序收費」，藉此促成合約的達成。

企劃書說明

❶ 預期效益

這是請對方做出裁決的企劃書，所以要強調實施此企劃案所獲得的利益。如果靈活運用圖表，就能夠讓對方一眼看出預期效益。可以用虛線加框等方法強調重點。

❷ 預算

若想要促使對方做出決定，必須提出預算。

❸ 優惠方案的訴求

除了預算之外，如果想要更吸引對方，可以列舉強調「優惠」的多項要件，促使對方做決定。

引進新型智慧型手機之提案

2015 年 4 月
飯田橋智慧型手機銷售
業務 神樂坂太郎

●引進新型智慧型手機後成本減少試算表

❶

可以預期將大幅降低系統費．通訊費！

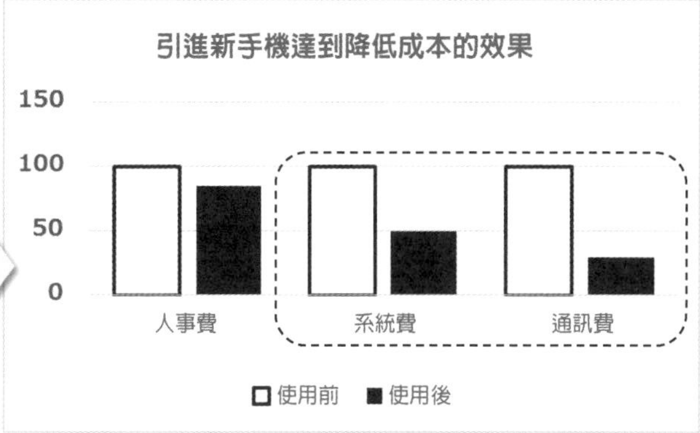

引進新手機達到降低成本的效果
150
100
50
0
人事費
系統費
通訊費
使用前
使用後

能夠減少管理人員

●預算計畫之建議提案

❷ 引進100支新型智慧型手機與軟體運用系統，總計500萬日圓

想壓低初期的投資預算！

❸

步驟1 提供10支試用手機	6個月免費使用
步驟2 問題之應對處理	6個月使用雲端系統，每月只需負擔3萬日圓
步驟3 正式引進與開始使用	決定採用雲端或是開發軟體系統

無論是哪個步驟，都可以配合預算找出最適當的方案。

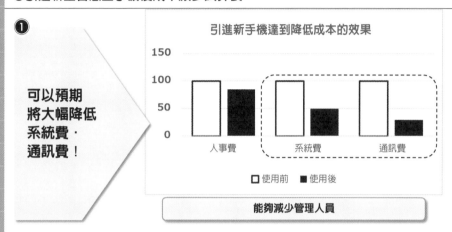

企劃書說明

①概念・背景

簡單說明概念與背景，請對方再次確認（假設在這個時間點已經向對方說明完畢。把主軸放在結論上）。

②預算

在預算表中清楚列出舉辦活動的費用。

③日程表

運用甘特圖，具體呈現「何時做什麼事」，如此對方就會更具體瞭解企劃內容。

④日程表補充

為何上述的日程表會帶來效果？寫出重點補充說明，促使對方做決定。

不同案例的企劃書 8

何時？做什麼？視覺化讓對方容易明白

本單元的案例是促銷負責人或是業務負責人，針對每季的促銷活動提出企劃案，並且已經到達總結的階段。案例內容是情人節促銷活動。

企劃內容已經大致達成共識，接下來就是說明執行企劃案的日程表，希望得到最後的決定。

雖說內容已經大致達成共識，不過也是爲了讓對方再一次確認，所以企劃書上半部還是要簡短寫出概念與背景。

日程表使用容易掌握整體狀況的甘特圖。具體列舉各個項目及進行時間，讓對方瞭解「什麼時候？做什麼事情？」。另外，要告知對方日程表中每個階段的重點。透過「圖像化」具體呈現日程表，加深對方對於企劃內容的瞭解。

市之谷 Food Service 株式會社 啓

情人節促銷活動

2015 年 4 月
飯田橋促銷企劃
業務 神樂坂太郎

❶

活動概念

·「與朋友分享巧克力」。

背景

·與朋友互相交換「朋友巧克力」的活動取代女生向男生告白。

概要

·舉辦情人節派對企劃案／舉辦大家一起參加巧克力派對企劃案。

❷

投入預算 1,000 萬日圓

❸

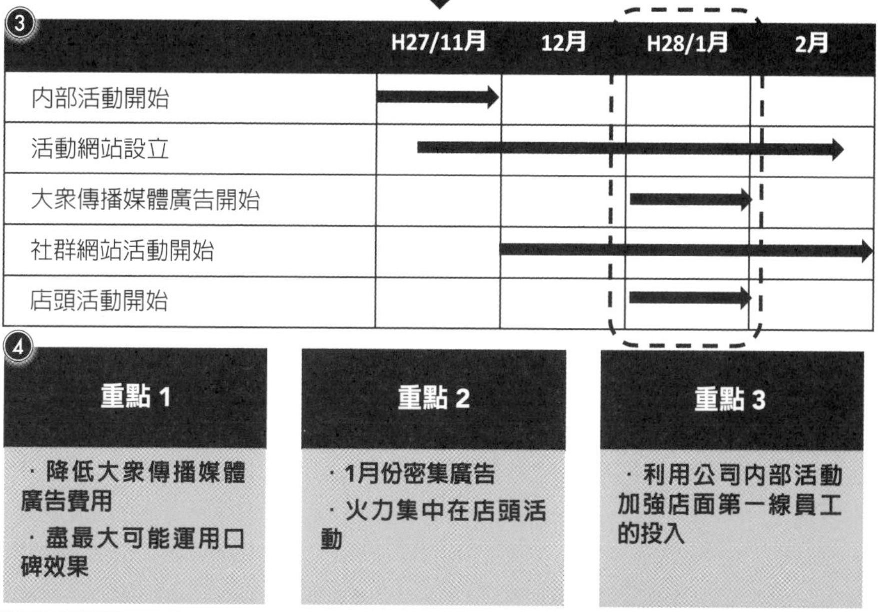

H27/11月
12月
H28/1月
2月
內部活動開始
活動網站設立
大眾傳播媒體廣告開始
社群網站活動開始
店頭活動開始

❹

重點 1

·降低大眾傳播媒體廣告費用

·盡最大可能運用口碑效果

重點 2

·1月份密集廣告

·火力集中在店頭活動

重點 3

·利用公司內部活動加強店面第一線員工的投入

企劃書說明

❶概念・背景

再一次簡短說明已經說明過的項目，讓對方再次確認。

❷要件

補充概念的內容，陳述具體的實施計畫。

❸日程表・預算

清楚記載「何時做什麼事情」、「預算金額」。

❹優惠的訴求

說明對方接受提案會獲得什麼好處，打動對方內心。

不同案例的企劃書 9

透過列舉利益讓對方同意企劃案

本案例介紹的是企劃人員提出城鎮再造的企劃案。特別列舉採用此企劃案後獲得的利益，希望有機會成案。

此企劃書使用A4橫式的格式，左側寫出企劃概要，右側則列出讓對方作爲判斷依據的必要項目。

左側包含了企劃背景、概念以及要件，簡潔說明思考此企劃案的理由、企劃內容以及實施方法。透過這些訊息，讓對方在腦中描繪企劃案的整體樣貌。

接著在右側部分列出日程表與預算。不過光是這麼做缺少訴求重點。因此，也是爲了打動對方，要再一次強調採用此企劃案的利益。訴求「擁有實績的專業團體，可以放心合作」、「價格超優惠」，透過這樣的做法力促對方接受提案。

2015 年 1 月
飯田橋都市計畫設計株式會社

活化外堀區昆沙門商店街計畫

❶

背景

· 吸引銀髮族消費者
· 重新設計沒落的商店街

概念

· 東京的島國
· 以沖繩風格再造城鎮

❷

要件

· 昆沙門天大樓改裝（沖繩風）
· 餐廳引進沖繩知名料理
· 定期舉辦沖繩民謠活動
· 街頭設置免費休息場所

城鎮再造，讓銀髮族可以一整天悠閒地享受並消費。

❸

	Q1	Q2	Q3	Q4
擬定詳細事業計畫				
現況調查				
設計				
改裝工程				
廣告				

執行預算 5,000 萬日圓

❹ 如果委託敝公司統籌執行

1. **組成專業團體**
   專業團體裡的成員都是擁有再造商店街實績的專業人員。
2. **敝公司吸收現況調查費用**
   約 200 萬日圓的調查費用由敝公司吸收。

Lesson 05

利用投影機提案

原則上一頁一個主題

由於每個客戶的特性不同，有的公司會要求透過投影機提案，而非遞交書面企劃書。

這時，請根據第二章介紹一般企劃書的構成要素（三十四頁）製作投影片即可。

如果每張投影片都塞滿許多要素，對方將難以掌握重點，所以**原則上一頁只要說明一個主題就好**。

另外，在投影布幕上比較看不清楚文字，所以要**有效地運用插畫、相片或圖示等視覺性工具**。使用視覺性工具呈現難以用語言表達的部分，對方就能夠一目瞭然。

頁面下方歸納「這個頁面要傳達的重點」，更能加深對方的印象。每頁的重點整理成二十～四十字的摘要。

令人料想不到的是，聽簡報的人幾乎都不會看投影片，特別是簡報進行到後半時，這種情況更加明顯。若想預防這種情況發生，二十～四十字的摘要就是有效的做法。

重點是對方光看摘要，就能夠掌握整個企劃案的內容。

這個是重點！

- ✓ 一頁只寫一項重點。
- ✓ 頁面下方簡潔歸納重點。

投影片的內容製作

編號	項目	參考
1	**封面**	（參考 P36）
2	**前言**	（參考 P38）
3	**背景**	（參考 P40）
4	**目的**	（參考 P42）
5	**概念**	（參考 P44）
6	**具體對策**	（參考 P46）
7	**要件**	（參考 P48）
8	**預期效益**	（參考 P50）
9	**日程表**	（參考 P52）
10	**預算**	（參考 P54）
11	**問題**	（參考 P56）
12	**結語**	（參考 P58）

製作投影片時的重點

1. **一頁一個主題**：一張投影片只鎖定一個主題，這樣對方也容易理解。
2. **一頁一個視覺圖示**：每一頁只使用一項視覺性工具，這樣對方也能夠集中注意力。若打算使用多項視覺性工具，要分別用在不同張的投影片。
3. **不寫長句**：投影片內容投影在布幕上時，長句將會使人難以閱讀，要以條列方式寫出重點，並且放大文字。
4. **每張投影片下方寫出摘要**：每張投影片都有簡短摘要，提醒對方：「本頁說明了○○，請問有沒有問題？」光是這麼做，對方就會確實集中注意力，聆聽簡報內容。

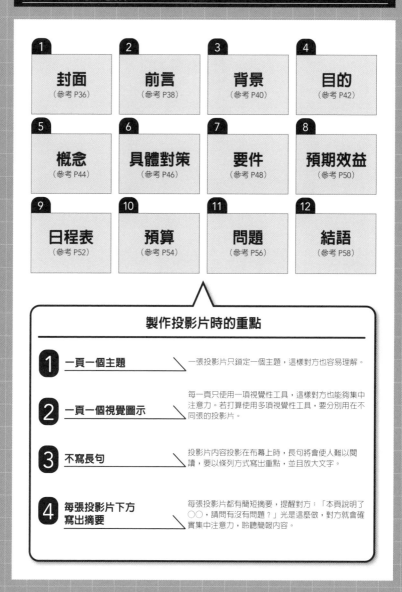

不同案例的企劃書 10

製作投影片做簡報

左頁的案例是針對大型商業機構舉辦重要活動所提的企劃書。

由於客戶要求利用投影片說明，所以不使用一頁企劃書，而是依照封面、前言、背景、目標、概念、預期效益、具體對策、日程表、預算、問題等順序，歸納成十頁的企劃書。

由於此企劃案把「自行車專櫃」設定爲企劃主題，所以在最開始的封面上插入自行車的插圖。加上符合提案內容的插圖，能夠幫助對方瞭解企劃內容。

除此之外，封面上的自行車插圖也可以作爲各頁共通的圖像，如此就能夠呈現整體頁面的一致性。

各頁面底下設有摘要部分，簡潔說明該頁想表達的重點。以投影片做簡報時，摘要字數要控制在二十～四十字左右，讓聽簡報的人容易在腦中整理重點。

所有投影片的設計重點如下。

・一頁一項主題
・盡量運用留白
・整體的一致性

避免塞入過多的文字或圖像，詞句也以條列方式簡潔表達。要提醒自己製作一份讓對方好閱讀的投影片。

另外，**投影片投影在布幕上時，必須注意文字的字體與大小。**基本的字體統一選擇黑體比較好辨識。大標題的文字與本文的小字都選擇黑體，方便對方閱讀是首要考量的重點。

① 封面

標題之外還加上文案，加強訴求力。

~外堀購物商城開幕重點企劃~
自行車慢活生活企劃案
2014 年 12 月 飯田橋都市研究所

利用插圖讓讀者聯想提案內容。

CONFIDENTIAL

1

② 前言

各投影片統一使用相同插圖，讓讀者想像企劃內容。

前言

· 外堀購物商城開幕概念之一是「支援健康又環保的生活」。

· 在位於東京都中心卻充滿自然綠意的外堀區過著「自行車慢活生活」，這與購物商城的概念一致，也是消費者熟悉的生活模式。

· 企劃案計畫設立「自行車慢活」專區作為開幕的重點活動，並向消費者廣為宣傳。

下方設立內容摘要部分，幫助對方理解企劃內容。

配合開業概念宣傳「自行車慢活」專區

如果是「機密文件」，要在頁尾處標明「機密文件」或是「CONFIDENTIAL」。

CONFIDENTIAL

2

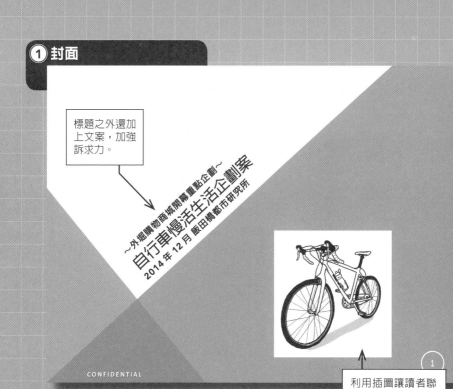

③ 背景

用好看的圖片說明「背景」。

背景

對不使用石化燃料的交通工具感興趣

- 自行車通勤風潮

對保持健康感興趣

- 慢跑風潮

設立外堀區的「自行車特區」

- 順應公家單位的支援或道路規劃的風潮

提高目標客群對自行車生活的興趣

CONFIDENTIAL

3

把頁面下方的摘要訂為共同項目，這樣就能保持一致性。

④ 目標客群

盡可能具體描述目標客群的樣貌。

目標客群的設定人物

- 想開始運動。
- 可以的話，希望能感受到大自然的運動。
- 能夠長久持續的運動較好。
- 想與先生一起運動。

- 有較多的閒錢可用。
- 雖然節儉，不過對於喜歡的事物則毫不吝惜投資。
- 也想要講究一下打扮。
- 關心環保問題。
- 經常使用智慧型手機。

女性　30歲　任職外堀銀行　年收入400萬日圓
與先生居住於外堀區的社區大樓。沒有小孩。娘家位於神田區。父母健在。

想為身體與環境盡點心力，可運用的閒錢較多的女性

CONFIDENTIAL

4

⑤ 概念

由於是播放在投影布幕上說明，所以利用清楚的圖示整理。

概念

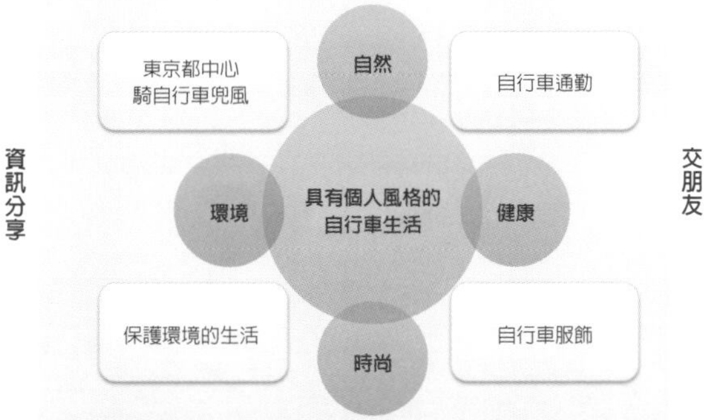
東京都中心
騎自行車兜風
自然
自行車通勤
資訊分享
環境
具有個人風格的
自行車生活
健康
交朋友
保護環境的生活
時尚
自行車服飾

提出設立「具有個人風格的自行車生活」專區

CONFIDENTIAL

5

⑥ 預期效益

簡潔歸納「對誰有什麼利益」。

預期效益

敝公司 ▶	提高新設施的來客率以及品牌知名度
地區 ▶	對居民健康與環境帶來正面影響
行政 ▶	對於城鎮的形象建立有貢獻

對於敝公司、地區、行政等都有正面影響

CONFIDENTIAL

6

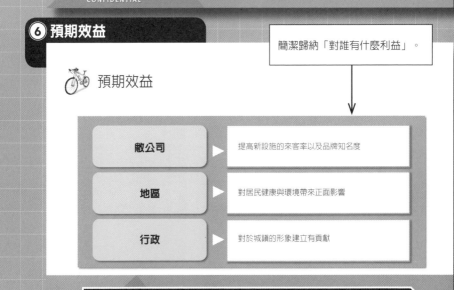

⑦ 具體對策

靈活運用圖形、插圖、相片、地圖等視覺性工具具體呈現內容。

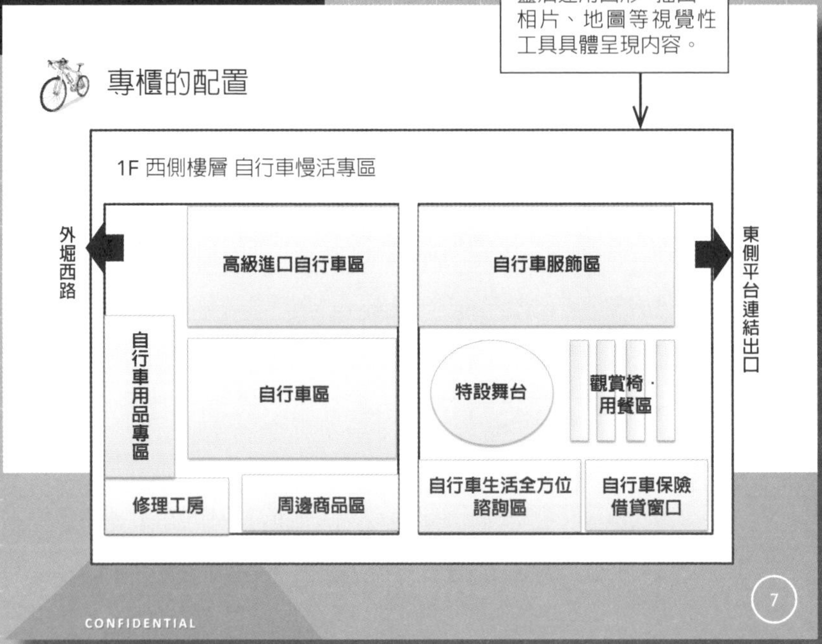

專櫃的配置
1F 西側樓層 自行車慢活專區
外堀西路
高級進口自行車區
自行車用品專區
自行車區
修理工房
周邊商品區
自行車服飾區
特設舞台
觀賞椅．用餐區
自行車生活全方位諮詢區
自行車保險借貸窗口
東側平台連結出口
CONFIDENTIAL
7

⑧ 日程表

日程表以甘特圖呈現。強調重要的部分。

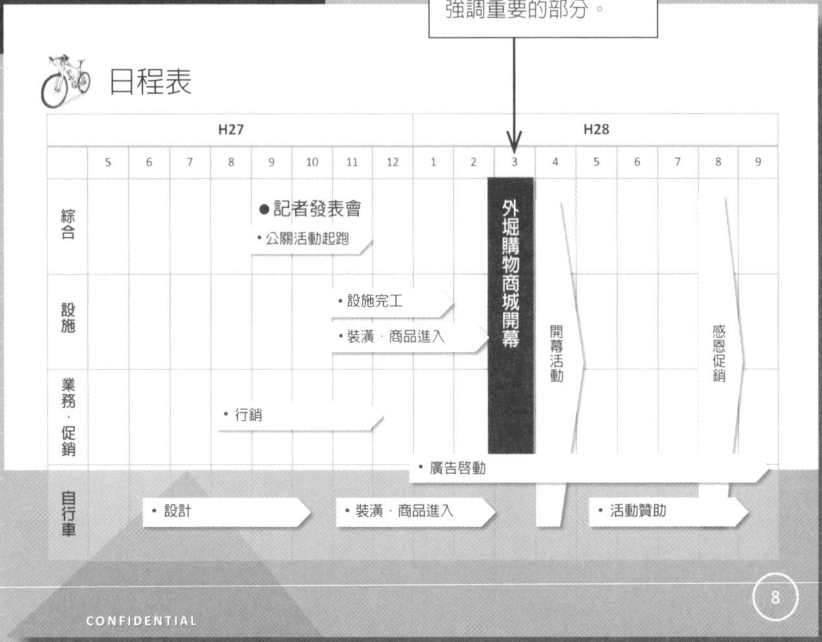

日程表
H27
H28
5 6 7 8 9 10 11 12 1 2 3 4 5 6 7 8 9
綜合
設施
業務．促銷
自行車
●記者發表會
・公關活動起跑
・設施完工
・裝潢．商品進入
・行銷
・廣告啓動
・設計
・裝潢．商品進入
・活動贊助
外堀購物商城開幕
開幕活動
感恩促銷
CONFIDENTIAL
8

⑨ 預算

簡單表示哪些項目各需多少費用。

預算

	單價	數量	金額
設計費	200 萬日圓	1	200 萬日圓
裝潢費	1,000 萬日圓	1	1,000 萬日圓
舉辦活動費	500 萬日圓	1	500 萬日圓
	小計①		1,700 萬日圓
	消費稅②		136 萬日圓
	合計① + ②		1,836 萬日圓

總計金額 1,836 萬日圓（内含消費稅 136 萬日圓）

CONFIDENTIAL

9

⑩ 問題

實施企劃前先列舉可能面臨的問題，與對方共同面對問題。

問題

與服飾負責人的合作是否成功

- 必須與服飾負責人透過緊密的合作建立專區

名牌自行車之採購談判

- 尚不清楚合約談判是否順利

合作的成敗與合約問題是影響關鍵

CONFIDENTIAL

10

Lesson 06

在公司內部提企劃案

把重點放在「背景」，加強論述

前面介紹的都是針對公司外部所製作的不同類型企劃案，以下要介紹的是針對公司內部提案所使用的企劃書。

在公司內部提出新商品或服務時，必須把重點放在「背景」的說明，例如企劃的新商品能夠爲公司提高多少利潤等。

由於公司內部的企劃使用的是公司的預算，所以如果「預估收益」與「效果」不夠明確的話，基本上企劃案就不會通過。**花在提案項目的費用、銷售計畫、收支計畫等，以具體的數字呈現**是非常重要的。

除此之外，也請別忘了清楚說明企劃案的設定目標或競爭狀況。例如自己是如何設定這個目標的？如何與其他公司的商品做出差異？如何進行商品宣傳等等。

如果提供的資料或數據資料很多，可以用附加檔案補充。

另外，爲了讓企劃案過關，也可以事前與擁有決定權的關鍵人物或是與關鍵人物親近的人討論企劃書，因爲透過事前的討論，能夠獲得有益企劃內容的建議或資訊。

這個是重點！

- ✓ 正因為是使用自家公司的預算所實施的企劃案，所以更要把重點放在「背景」的說明上。
- ✓ 以具體的數字呈現。

公司內部提案用企劃書的寫法

■公司內部提案用的企劃書．三項重點

提高「背景」的說服力

如何透過提案的新商品或服務因應市場需求？徹底驗證並備齊讓經營高層同意的資料。

清楚確認目標客群與市場的競爭狀況

清楚確定要以哪個年齡層為目標客群、競爭企業的狀況，以及要如何做出差異等。

預估收益

實施企劃案所需的費用多少？預估的收益多少？清楚計算成本效益。

▼

標題

1. 概念

A市車站前設立直銷專賣店

2. 背景

●主要商品的銷售量下降

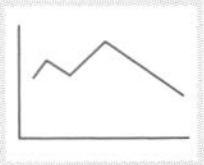

●問卷調查的結果發現消費者認知度低

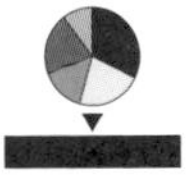

3. 預期效益

	2015年	2016年	2017年
銷售量	510萬日圓	720萬日圓	850萬日圓
利潤	200萬日圓	350萬日圓	550萬日圓

提出論證

提出具體數字或資料作為企劃案的論證，讓經營高層或主管同意。

擬定預估的收益

使用圖表呈現事業發展狀況與銷售量概算。

不同案例的企劃書 11

在公司內部提出新產品企劃案

本案例介紹食品公司研發負責人在公司內部提出商品企劃，希望將開發的成品商品化。

研發負責人在公司內部的簡報介紹新產品時，必須準備資料作爲企劃內容的依據。

這時經常被使用的是目標客群的意識調查。在本案例中，研發人員爲了提出低熱量巧克力商品，所以公布了「高熱量會降低女性購買巧克力的意願」等資料。

像這樣清楚指出目標客群的態度之做法，能夠影響公司高層的想法，促使新商品企劃案獲得採用。

在本案例中，除了消費者意識調查之外，也可以提出目標客群的「設定人物」，更進一步宣傳新商品的價值。由於高層主管多半沒有掌握具體的目標客群，如果清楚描述的話，簡報的效果更好。

企劃書說明

❶背景

由於是在公司內部提出的企劃案，所以要把重點放在「為什麼會思考這個企劃案」的背景上。提出資料讓對方瞭解。

❷目標

如果是針對一般消費者的商品企劃案，可以提出目標客群的「設定人物」。

❸概念

除了商品的概念之外，也要說明與其他類似商品之不同處，列出差異化的重點。

❹商品化之後的發展

如果是商品企劃的提案，可以呈現商品化之後的發展。

下季新商品 熱量減半巧克力發售企劃案

2015年6月 開發1課 牛込花子

❶

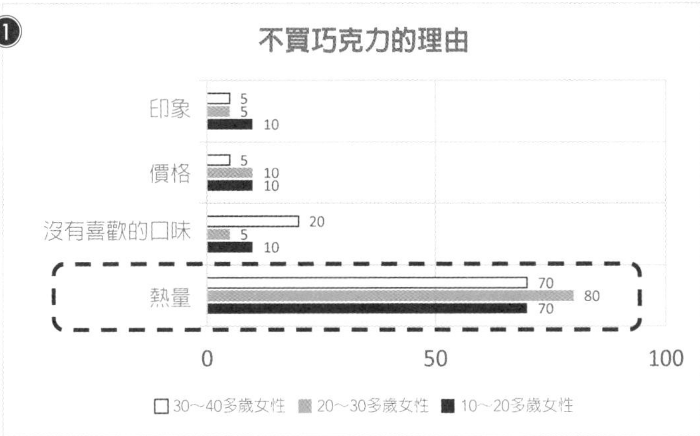
不買巧克力的理由
印象
5
5
10
價格
5
10
10
沒有喜歡的口味
20
5
10
熱量
70
80
70
0
50
100
30～40多歲女性
20～30多歲女性
10～20多歲女性

「不買巧克力的理由」就是因為「熱量太高」。

❷

目標客群的設定人物

- 女性，28歲，住在郊區的老家。年收入350萬日圓。
- 職業是IT企業的業務助理。
- 雖然喜歡甜點，但是因為在意熱量，所以有所節制。

❸

概念	為成人設計的熱量減半巧克力
訴求重點①	熱量只有一般巧克力的一半
訴求重點②	只用高級材料、天然食材
訴求重點③	有多種巧克力種類可供選擇

❹

本年度下半年推出 → **若銷售狀況良好，明年將會選為西洋情人節的重點商品** → **針對銀髮族、青少年等客群，設計多樣化的商品** →

企劃書說明

❶ 標題

標題加上文案，讓讀者一目瞭然。

❷ 背景·概念·預期效益

簡潔說明為什麼會想出這個企劃案、企劃內容為何、採用此企劃案會得到什麼利益等。

❸ 收支計畫

在公司內部提出新事業企劃案時的關鍵。為了讓經營高層同意企劃案，要寫出收支計畫。詳細的理由以口頭補充說明即可。

❹ 圖表

為了讓對方清楚瞭解❸收支計畫的內容，可以使用圖表呈現。這時「轉虧為盈」的重要部分要特別強調，使其看起來醒目。

不同案例的企劃書 12

在公司內部提出成立新事業企劃案

比起商品企劃案，門檻更高的是新事業的企劃案。

這裡介紹的案例是大型交通公司的數個部門，共同提出新事業的企劃案。

這類型的企劃案最重要的是成立新事業後的預期效益。如果新事業不賺錢，當然就沒有成立新事業的必要。不用說，高層幹部一定會針對這點深入瞭解。

因此，此企劃書以圖表呈現新事業的預期收支狀況。總之，就是提出投資金額與回收利潤，清楚表示「何時轉虧為盈」，藉此讓公司高層接受新事業的企劃案。

把數字化為圖表能夠一眼掌握企劃內容。如同此案例所呈現的，強調「轉虧為盈」，特意突顯新事業賺錢的時期，這也是讓對方印象深刻的有效做法。

新事業企劃書	2015年1月
① 活用昆沙門天交通公司在東京都内擁有公車路線的強項成立新事業 透過數位電子看板啓動廣告事業	社長室 神樂坂太郎 公車事業部 牛込花子 廣告部 矢來次郎

②	
背景	・隨著網路廣告的普及，數位電子看板（戶外廣告・交通媒體廣告）也開始受到注目。 ・由於 ICT技術使得安裝與運用變得容易，也能夠預測消費者的行動，適時推出廣告。 ・然而，擁有數位電子看板媒體的公司並不多，廣告代理商為此大傷腦筋。
概念	・本公司在公車路線的站牌、休息站等處推出數位電子看板廣告。 ・為新型事業定位。
預期效益	・以往只會花錢的站牌、休息站等也有機會創造收益。

③	2015年度	2016年度	2017年度
投入預算	1,200萬圓	1,600萬圓	2,300萬圓
預估營業額	1,000萬圓	1,500萬圓	2,000萬圓
收益	▲200萬圓	100萬圓	300萬圓

④

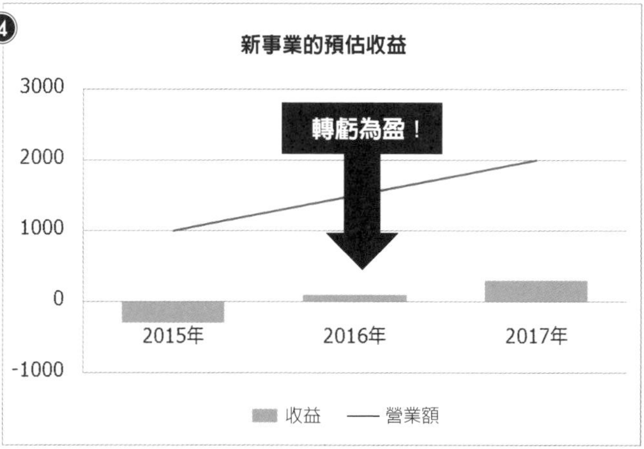

2016年有盈餘，
初期投入的
預算預估
1,200萬日圓

在公司內部提出開店企劃案

左頁的案例是在公司內部提案，內容是打算在新的大型商業大樓裡開店的企劃案。

首先在前言說明了企劃案的背景、概念、預期效益。爲什麼選擇大型商業機構？想開什麼店？透過開店，公司會獲得什麼利益等，簡單以條列方式歸納。

開新店時最重要的就是店面的選擇。如本案例所示，使用地圖呈現預定地與周邊環境就非常容易瞭解。

需要用到地圖時，可以自己使用PowerPoint軟體畫，也可以運用網站上的地圖。

然後再以口頭補充說明：「由於預定地位於車站前的好位置，預期可以因車站人潮而增加來客數。」

企劃書說明

❶背景
記載企劃背景，說明為什麼會打算在這個區域開店。

❷概念
簡潔說明提案內容。概念鎖定一項即可。

❸預期效益
簡單歸納公司實行這項企劃案所能獲得的利益。

❹新店預定地
在企劃書內描述開店地點等場所時，除了以文字形容之外，還可以利用地圖說明。可以使用PowerPoint軟體簡單繪製，也可以運用網路上的地圖。

SOTOBORI SHOPPING STREET

外堀區購物商城開店提案企劃書

① 背景

· 由於該區被選定為「育兒特區」，所以區內育兒家庭陸續增加。
· 不過，當地雖然有傳統老店，但只是老舊且營業時間短的商店街。

② 概念

· 建立購物商城，不僅活化傳統老店，同時也以育兒家庭的使用方便為優先考量。

③ 預期效益

· 敝公司第一間東京都中心區的購物商城，會創造話題。
· 由於經手的商品都是東京都中心區的需求，所以對廠商擁有較多的發言權。

④ 預定地設在「原批發市場位置」，有利業績發展

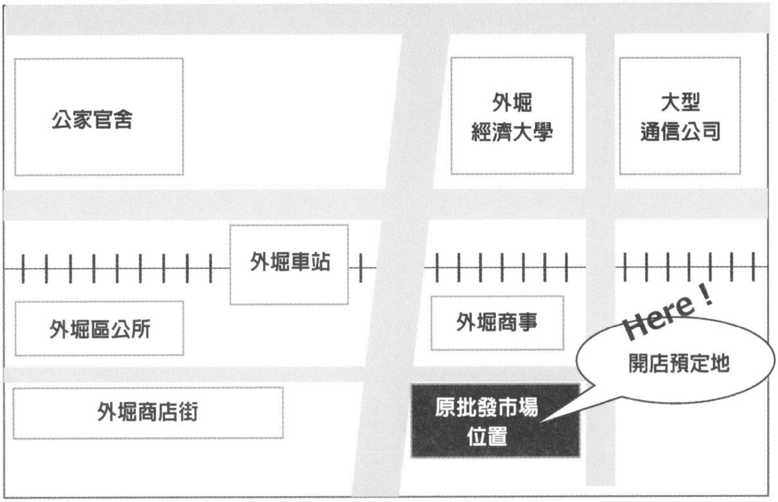

附錄

讓企劃書看起來顯眼的
圖解表現方式

圖表能夠簡單呈現複雜的資訊，讓對方容易明白。因此，製作企劃書時，圖表是不可或缺的工具。以下我將說明正確製作圖表的方法。如果掌握正確的做法，企劃書就會變得更簡單易懂。

1 依照資料的不同選擇適當的圖表

圖表是為了簡單易懂地傳達訊息而使用。不過，並不是有了圖表就一切搞定。若想要確實傳遞資訊，必須根據不同用途使用不同圖表。

比較數值，讓對方看見變化

▼

①-1 柱狀圖

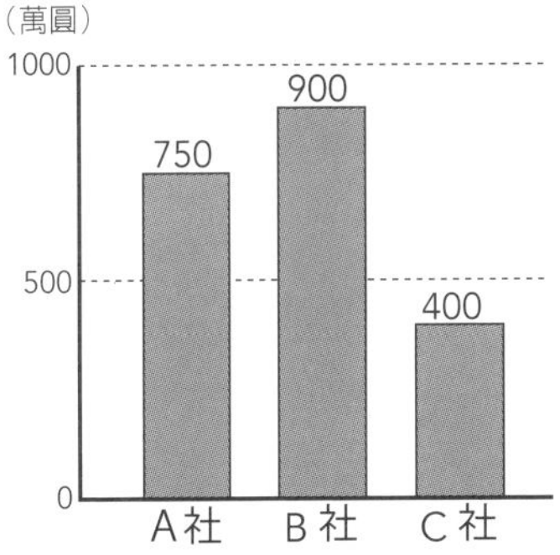

顯示各部分資料占整體資料的比率

▼

①-2 圓形圖

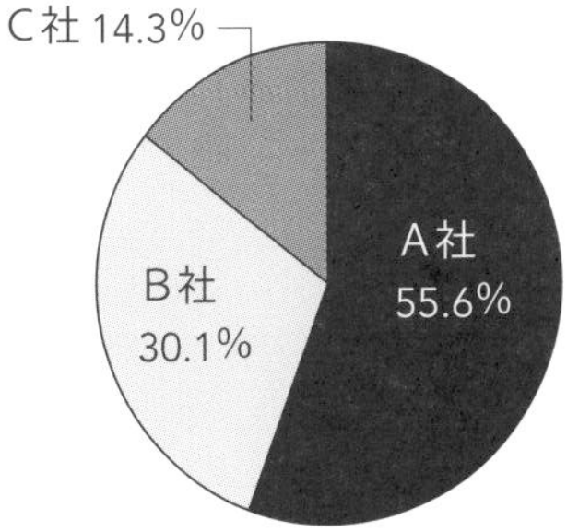

隨著時間或階段而改變，
呈現數值的變化

▼

①-3 折線圖

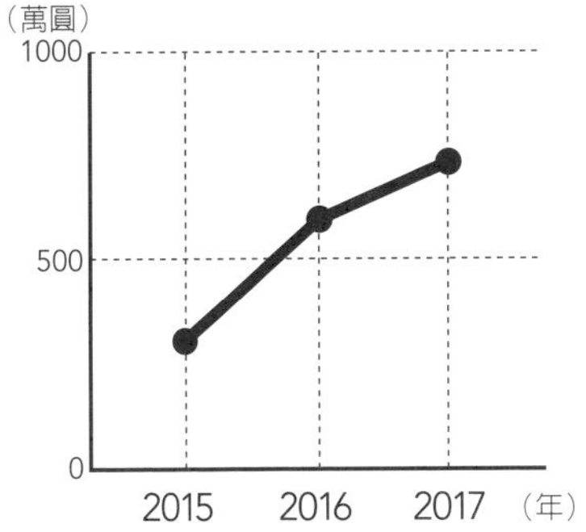

呈現數值或數值以外的資料

▼

①-4 表格

摘要	數量	單位	單價	金額
①企劃費	1	1	7萬圓	7萬圓
②調查費	1	1	3萬圓	3萬圓
合計				10萬圓

1-1 柱狀圖的正確表現方式

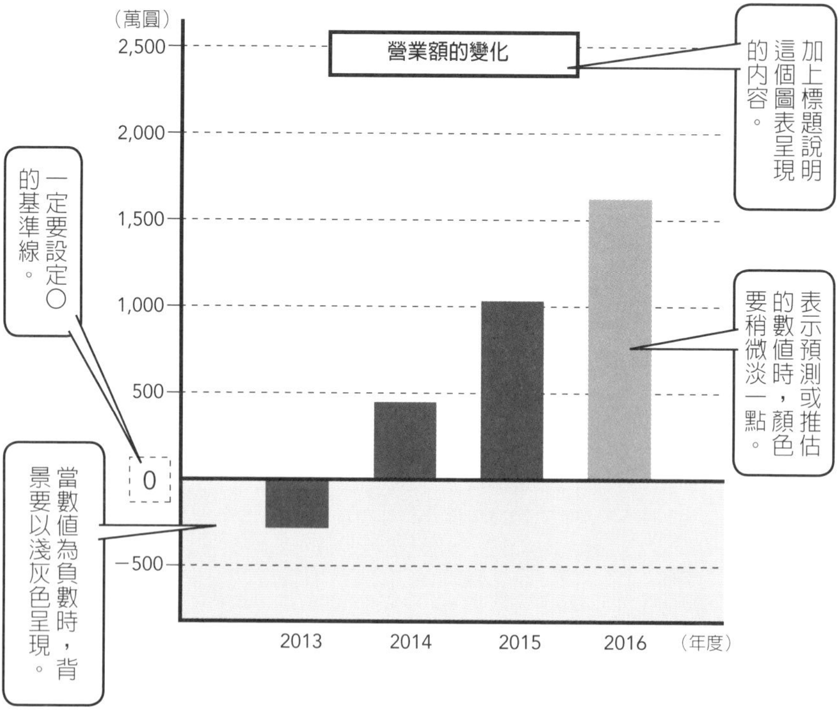

（萬圓）
2,500
2,000
1,500
1,000
500
0
−500
營業額的變化
加上標題說明這個圖表呈現的內容。
一定要設定〇的基準線。
表示預測或推估的數值時，顏色要稍微淡一點。
當數值為負數時，背景要以淺灰色呈現。
2013
2014
2015
2016
（年度）

應用 如果有特別想強調的重點，鎖定一項要素插入圖中，讓對方印象深刻。

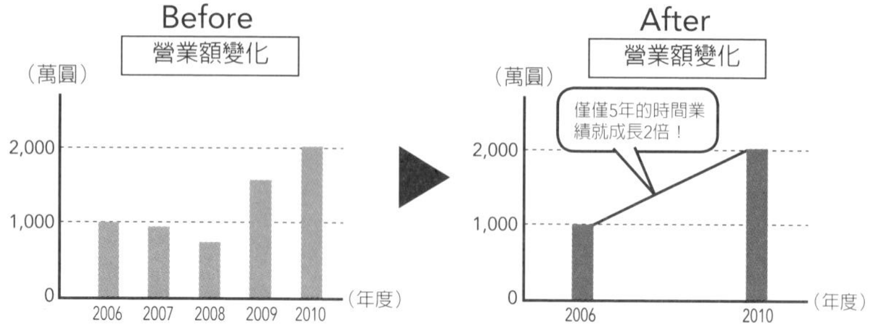

Before
營業額變化
（萬圓）
2,000
1,000
0
2006
2007
2008
2009
2010
（年度）
After
營業額變化
（萬圓）
僅僅5年的時間業績就成長2倍！
2,000
1,000
0
2006
2010
（年度）

以減少年度的做法加深印象。

1-2 圓形圖的正確表現方式

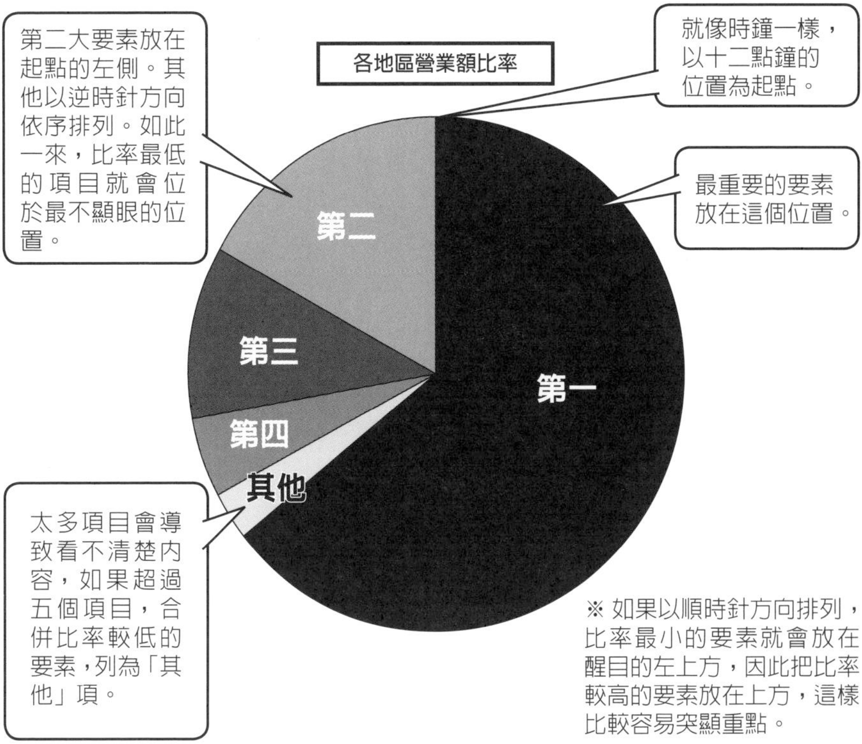

各地區營業額比率
第二大要素放在起點的左側。其他以逆時針方向依序排列。如此一來，比率最低的項目就會位於最不顯眼的位置。
就像時鐘一樣，以十二點鐘的位置為起點。
最重要的要素放在這個位置。
第二
第三
第一
第四
其他
太多項目會導致看不清楚內容，如果超過五個項目，合併比率較低的要素，列為「其他」項。

※ 如果以順時針方向排列，比率最小的要素就會放在醒目的左上方，因此把比率較高的要素放在上方，這樣比較容易突顯重點。

應用 圓形圖中若有特別想強調的重點，可以如下圖的做法突顯效果。

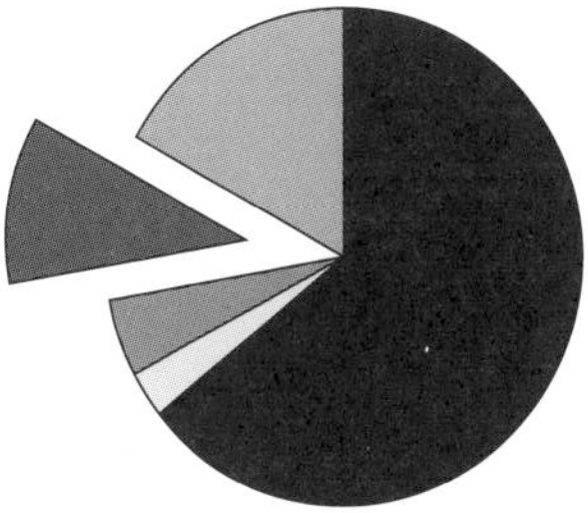

取出想強調的重要部分。

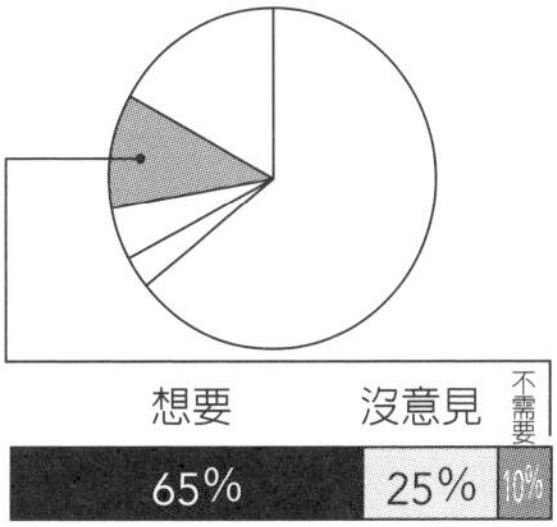

想要
沒意見
不需要
65%
25%
10%

在重要部分塗上顏色，進一步補充詳細資料。

1-3 折線圖的正確表現方式

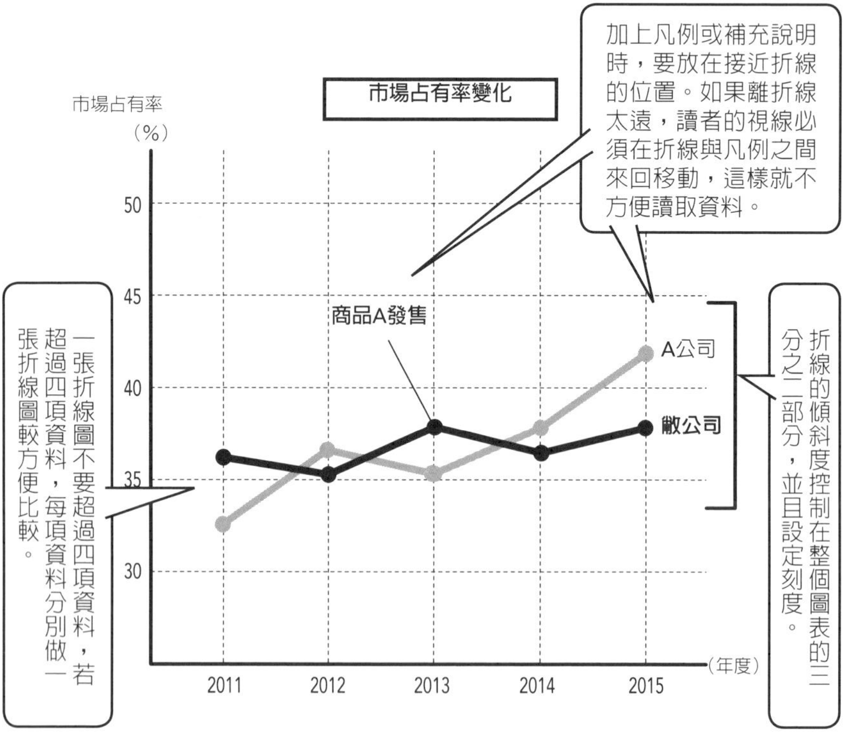
加上凡例或補充說明時，要放在接近折線的位置。如果離折線太遠，讀者的視線必須在折線與凡例之間來回移動，這樣就不方便讀取資料。
市場占有率變化
市場占有率
（%）
50
45
40
35
30
商品A發售
A公司
敝公司
2011
2012
2013
2014
2015
（年度）
一張折線圖不要超過四項資料，若超過四項資料，每項資料分別做一張折線圖較方便比較。
折線的傾斜度控制在整個圖表的三分之二部分，並且設定刻度。

應用 運用左右兩邊的縱軸顯示兩種資料的關聯性。

右圖的左邊縱軸是營業額，右邊縱軸是市場占有率。呈現出營業額減少與市場占有率增加並不相關。

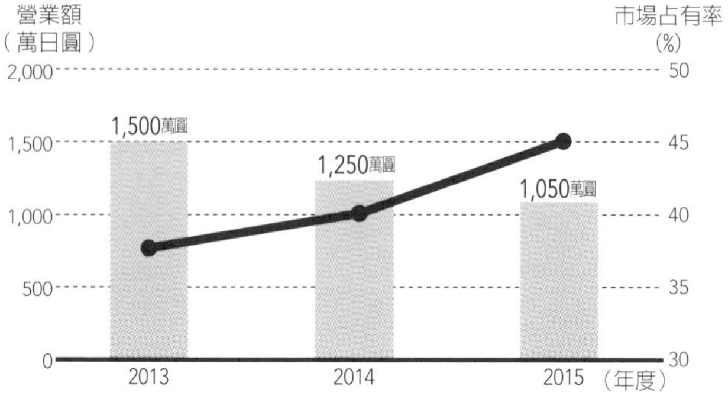
營業額
（萬日圓）
市場占有率
（%）
2,000
1,500
1,000
500
0
50
45
40
35
30
1,500萬圓
1,250萬圓
1,050萬圓
2013
2014
2015
（年度）

1-4 表格的正確表現方式

地區別營業額

名稱	2013年	2014年	2015年
A社	0.0	0.0	0.0
B社	0.0	0.0	0.0
C社	0.0	0.0	0.0
D社	0.0	0.0	0.0
E社	0.0	0.0	0.0
F社	0.0	0.0	0.0

格線畫得太詳細會妨礙閱讀，大約每三個項目畫一條線區隔。

如果數值之間有足夠的留白，列間就不必劃格線。

想特別強調的部分用框線或顏色表示。

應用 如果圖表中有多餘空間，針對想強調的欄位製作柱狀圖，印象會更加深刻。

名稱	2013年	2014年	2015年
A社	0.0	5.0	0.0
B社	0.0	10.0	0.0
C社	0.0	6.0	0.0
D社	0.0	2.0	0.0
E社	0.0	3.0	0.0
F社	0.0	7.0	0.0

2 瞭解圖形・箭號・線條代表的意義

Word、Excel、PowerPoint 等軟體都有內建各種不同圖形、箭號或線條，可以依照個人需要選擇使用。不過也不是只要有圖形就好而隨便亂用。其實圖形、箭號或線條各自代表不同的意義。根據這些意義製作企劃書，更能為企劃書加分。

圖形

長方形

特色
- 表示具體的概念
- 顯示實際存在的組織・部門

舉例

橢圓形

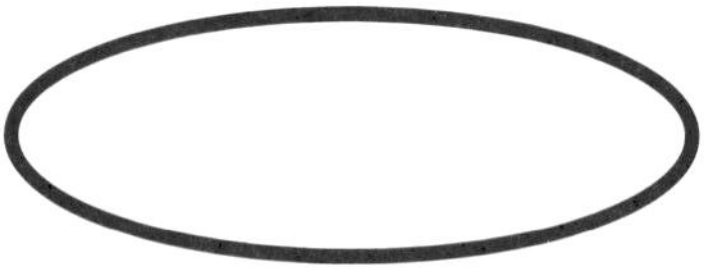

特色
- 表示抽象的概念
- 表示沒有實體的集合體

舉例

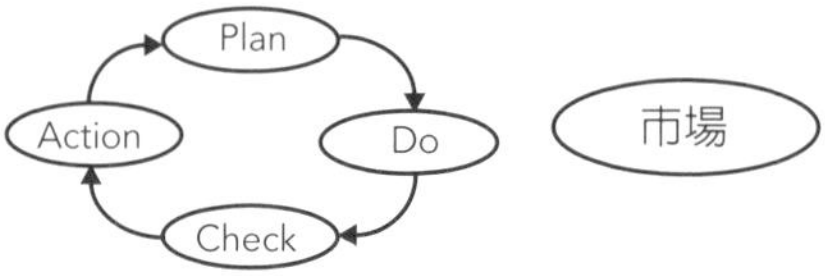

三角形

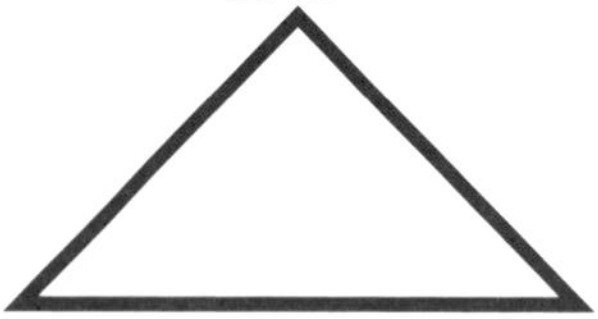

特色
- 表示上下的關係
- 表示階級

舉例

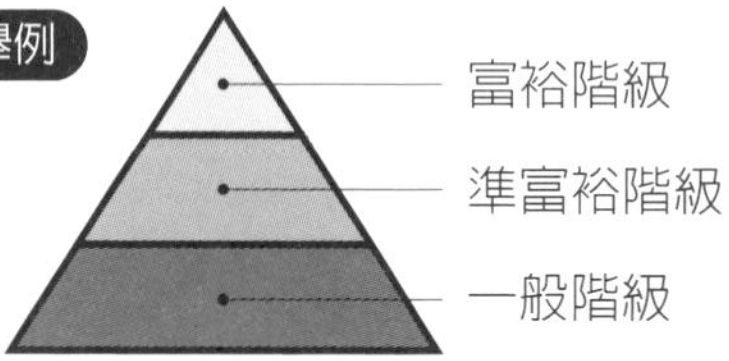

柱形

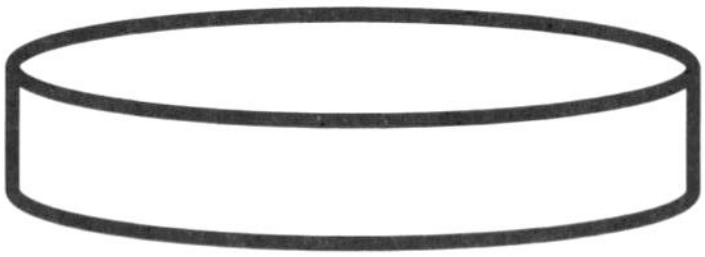

特色
- 表示資料庫
- 表示基礎

舉例

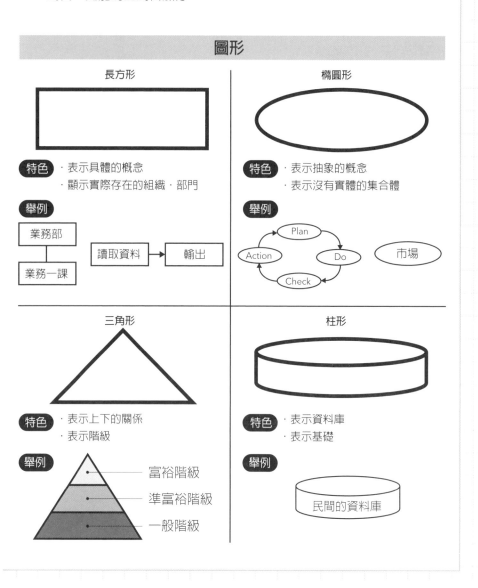

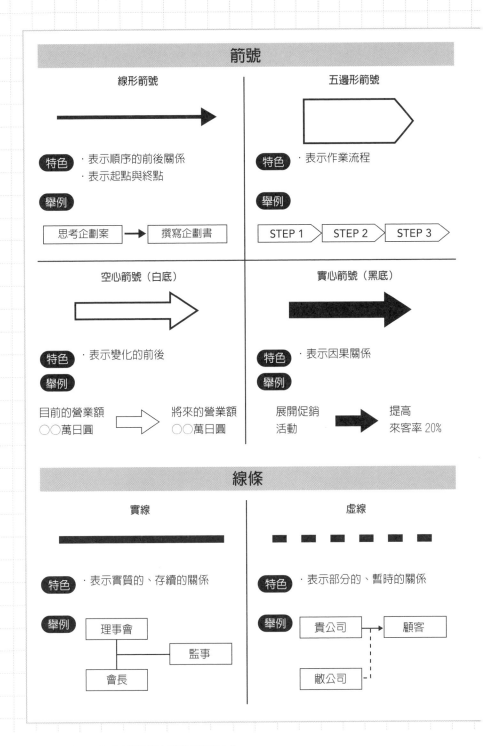

箭號

線形箭號

特色
・表示順序的前後關係
・表示起點與終點

舉例

思考企劃案 → 撰寫企劃書

五邊形箭號

特色
・表示作業流程

舉例

STEP 1 STEP 2 STEP 3

空心箭號（白底）

特色
・表示變化的前後

舉例

目前的營業額 ○○萬日圓 ⇨ 將來的營業額 ○○萬日圓

實心箭號（黑底）

特色
・表示因果關係

舉例

展開促銷活動 ➡ 提高來客率 20%

線條

實線

特色
・表示實質的、存續的關係

舉例

理事會
監事
會長

虛線

特色
・表示部分的、暫時的關係

舉例

貴公司 → 顧客
敝公司

3 無法使用顏色時的應變方法

寫企劃書時，就算無法使用顏色，也能夠透過顏色的深淺製作好看又簡單易懂的資料。

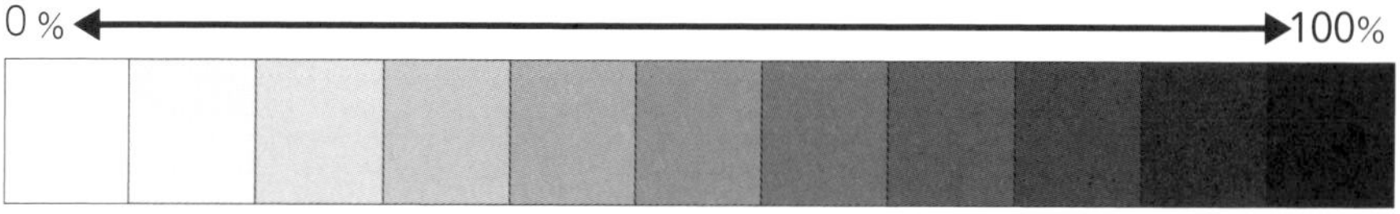
0％
100%

柱狀圖

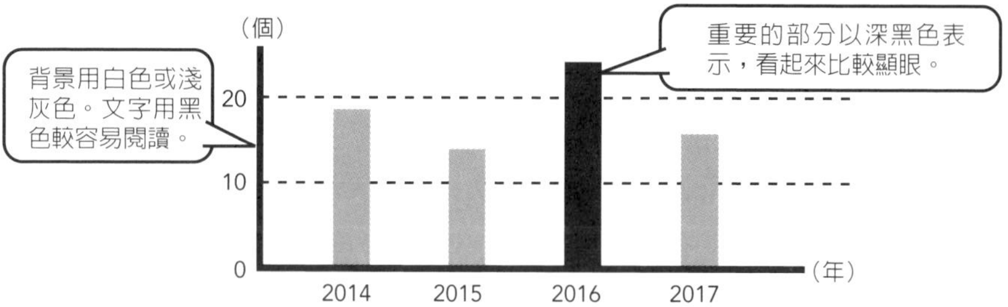
（個）
背景用白色或淺灰色。文字用黑色較容易閱讀。
重要的部分以深黑色表示，看起來比較顯眼。
20
10
0
2014
2015
2016
2017
（年）

折線圖

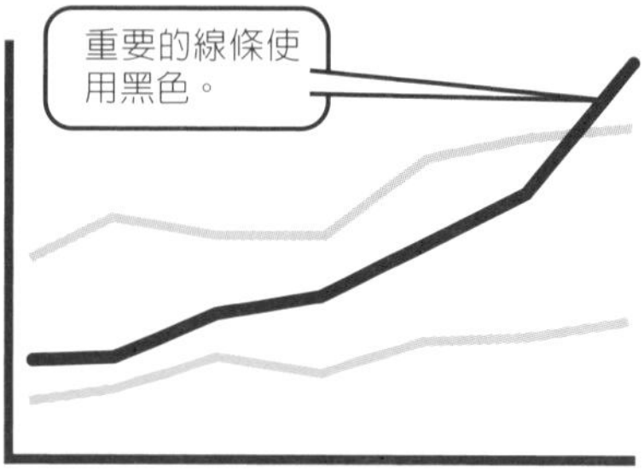
重要的線條使用黑色。

圓形圖

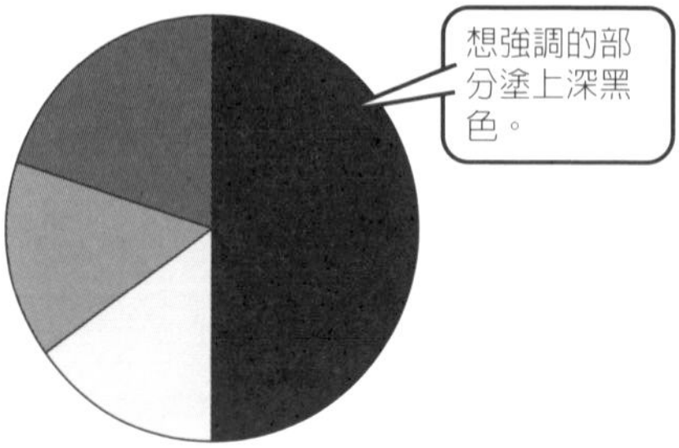
想強調的部分塗上深黑色。

表格

年齡區間	A	B	C
20～29歲	329	302	261
30～39歲	271	310	225
40～49歲	301	220	339

想強調的部分以淺灰色的網底或粗體字表示。

参考文獻

『10 分で決める！
シンプル企画書の書き方・つくり方』●藤木俊明（同文館出版）

『5 分で相手を納得させる！
「プレゼンの技術」』●藤木俊明（同文館出版）

『図解入門ビジネス
最新企画書の作り方を見せ方がよ～くわかる本 [第 2 版]』●藤木俊明（秀和システム）

『書き換えるだけ！
A4 一枚企画書・報告書「通る」テンプレート集』●藤木俊明（インプレスジャパン）

『「通る」企画書の書き方・まとめ方』●藤木俊明（インプレスジャパン）

『A4 一枚でスピードアップ！
「通る」企画書・報告書が 60 分で作れる本』●藤木俊明（インプレスジャパン）

『仕事の現場に効くビジネスサプリ
図解　勝てる企画力・提案力が自然と身につく本』●藤木俊明（インプレスジャパン）

『企画体質のつくり方
アイデア・発想はシステムで生み出す』●藤木俊明（創元社）

『誰でも！ひらめく！
ヒットする！企画通過システム』●藤木俊明（ナナ・コーポレート・コミュニケーション）

『明日のプレゼンで使える
企画書提案書のつくり方』●藤木俊明（日本実業出版社）

『ウォールストリート・ジャーナル式
図解表現のルール』●ドナ・ウォン著、村井瑞枝訳（かんき出版）

『伝わる！図表のつくり方が身につく本
グラフ・図解・表にはルールがある』●永山嘉昭（高橋書店）

『図解のルールブック』●高橋伸治（日本能率協会マネジメントセンター）

ideaman 88

從零開始的1頁企劃書

掌握3大重點，12要素，企劃．提案書一次就上手！

原書書名／ゼロから始める「1枚企画書」の書き方
原出版社／株式会社KADOKAWA
監　　修／藤木俊明
譯　　者／陳美瑛
企劃選書／劉枚瑛
責任編輯／劉枚瑛

版　　權／吳亭儀、翁靜如
行銷業務／林彥伶、石一志
總 編 輯／何宜珍
總 經 理／彭之琬
發 行 人／何飛鵬
法律顧問／台英國際商務法律事務所　羅明通律師
出　　版／商周出版
　　　　臺北市中山區民生東路二段141號9樓
　　　　電話：(02) 2500-7008　傳真：(02) 2500-7759　E-mail：bwp.service@cite.com.tw
發　　行／英屬蓋曼群島商家庭傳媒股份有限公司城邦分公司
　　　　臺北市中山區民生東路二段141號2樓
　　　　讀者服務專線：0800-020-299　24小時傳真服務：(02)2517-0999
　　　　讀者服務信箱E-mail：cs@cite.com.tw
劃撥帳號／19833503　戶名：英屬蓋曼群島商家庭傳媒股份有限公司城邦分公司
訂購服務／書虫股份有限公司客服專線：(02)2500-7718；2500-7719
　　　　服務時間：週一至週五上午09:30-12:00；下午13:30-17:00
　　　　24小時傳真專線：(02)2500-1990；2500-1991
　　　　劃撥帳號：19863813　戶名：書虫股份有限公司　E-mail：service@readingclub.com.tw
香港發行所／城邦(香港)出版集團有限公司
　　　　香港灣仔駱克道193號超商業中心1樓
　　　　電話：(852) 2508 6231　傳真：(852) 2578 9337
馬新發行所／城邦(馬新)出版集團
　　　　Cité (M) Sdn. Bhd. (458372U)
　　　　11, Jalan 30D/146, Desa Tasik, Sungai Besi,57000 Kuala Lumpur, Malaysia.
　　　　電話：(603)9056 3833　傳真：(603)9056 2833
商周出版部落格／http://bwp25007008.pixnet.net/blog
行政院新聞局北市業字第913號

美術設計／林家琪
印　　刷／卡樂彩色製版有限公司
總 經 銷／聯合發行股份有限公司
　　　　新北市231新店區寶橋路235巷6弄6號2樓
　　　　電話：(02)2917-8022 傳真：(02)2911-0053

■2016年（民105）10月06日初版
■2022年（民111）03月03日初版5刷
定價280元

ISBN 978-986-477-089-2

Printed in Taiwan

城邦讀書花園
www.cite.com.tw

國家圖書館出版品預行編目(CIP)資料

從零開始的1頁企劃書／藤木俊明監修；陳美瑛譯. -- 初版.
-- 臺北市：商周出版：家庭傳媒城邦分公司發行，民105.10
176面；14.8×21公分
譯自：ゼロから始める「1枚企画書」の書き方
ISBN 978-986-477-089-2(平裝) 1. 企劃書
494.1　　105015266